U0207670

C语言
从入门到精通

爱编程的魏校长　主编

化学工业出版社
·北京·

内容简介

C 语言是学习其他程序设计语言的基础，也是编写硬件相关的嵌入式系统等系统级程序的优秀工具。

本书从贴近 CPU 和内存原理的角度，给读者提供了一个通过"学习—实践—应用"，逐步掌握 C 语言并成为 C 程序员的技能提升方案。

本书内容包括：C 语言的起步知识、控制程序流程的基础、编写基本 C 代码的组织工具；编写系统级程序所需要的 C 指针、结构体、共同体等关键知识；应用 C 开发程序所需要的技能和初步实践方法。

本书可作为高校学生学习 C 语言的教材和辅助读物，还能作为初级嵌入式程序员入门、理解 C 语言的工具书。

图书在版编目（CIP）数据

C 语言从入门到精通/爱编程的魏校长主编. —北京：化学工业出版社，2024.6

ISBN 978-7-122-45364-8

Ⅰ.①C… Ⅱ.①爱… Ⅲ.①C 语言 - 程序设计 Ⅳ.① TP312.8

中国国家版本馆 CIP 数据核字（2024）第 068682 号

责任编辑：毛振威　贾　娜　　　　　　　　　　　装帧设计：张　辉
责任校对：李露洁

出版发行：化学工业出版社（北京市东城区青年湖南街 13 号　邮政编码 100011）
印　　装：高教社（天津）印务有限公司
787mm×1092mm　1/16　印张 14　字数 340 千字　　2024 年 6 月北京第 1 版第 1 次印刷

购书咨询：010-64518888　　　　　　售后服务：010-64518899
网　　址：http://www.cip.com.cn
凡购买本书，如有缺损质量问题，本社销售中心负责调换。

定　价：99.00 元

上大学时，有一位教授讲大学学习之道，给我们提了一个建议：任何一门课程，最好同时采用 2~3 本教材来学习。教授的这一方法，让我们受益良多。我记得，当时大学里的第一门程序设计语言课是 PASCAL，可是我们的教材，我学起来有点吃力，后来发现学校上机实验是 VAX 小型机，于是从图书馆借来了小型机和 PC 机的比较类图书，关键的是我还买了一本写得更加浅显的、基于 PC 机的 PASCAL 图书，同时学习了这些图书，我很快就掌握了 PASCAL 语言。后来的线性代数、模电数电、数据结构和算法、操作系统、计算机原理等课程，我都用这种方法，同时从图书馆借或者购买 1~2 本比我自己用的教材浅一点或者深一些的教材，对比着学习。有的让我快速入门，有的让我掌握更深……感谢教授提供的学习方法。

针对 C 语言，我也向大家推荐这种学习方法。一方面，C 语言比较难；另一方面，如果你想成为一个编程高手，需要广泛涉猎相关图书，因为很多教材基于其定位，覆盖不到一些实际常用的编程常识。

我们认为，世界上有两种 C 语言：一种是具有基本算法描述能力的 C 语言，我们称为基本 C；另一种是具有内存操作等特色的系统编程能力的 C 语言，我们称为系统 C。所以，一本好的 C 语言图书，要经得起两次阅读：第一次，让读者掌握基本 C，帮助读者将来顺利学习后期如算法和数据结构等相关课程，帮助读者学习 C++、Java、C# 等 C 派生的程序设计语言；第二次，让读者体会系统 C 的关键。基本 C 的学习，让读者将来可以轻松掌握其他程序设计语言，让读者具有移植能力；系统 C，则让读者具有实战的开发能力。

我们这本 C 语言图书，就定位于比一般讲解"基本 C"的图书略微高深一点，希望可以成为读者 C 语言教材之外的第二本辅助学习用书。

同时，我们也希望这本书给读者提供一些 C 语言学习的闯关之道。

程序设计的水平提升是有一些关卡的。一旦你打过了这一个关隘之前的"小怪兽"，你的水平就提升一级。

在我们的 C/C++ 学习交流群里，大家总结，基本上有以下这三个大关，一旦闯过，掌握程序设计语言这件事情，或者说用程序设计语言来为我们解决问题这件事情，我们认为就达标了。

第一个关口：编译提示关

我记得在学习编程之初，第一个程序，我觉得就是按书输入的程序啊，可是"编译提示"总是提醒我有问题，让我很有挫败感。十几分钟之后，我放弃了自己纠错的可能性，问旁边一个同学，同学看了一眼，说："你有一个关键字少写了一个字母 S"。

我一看，果然如此。要知道，20 年前的编译器，错误提示经常是牛头不对马嘴的，定位不准。而且，我们那时参考书和学习资料很少，唯一能获得信息的地方，就是 IDE 提供的帮助文件（Help），而且这个 Help 还是全英文的！

还好，这个编译错误之后，我的编程之路就比较顺利了，慢慢我也摸清了编译器的脾气，自己能迅速定位错误所在。嗯，有些提升也是意外的，在整整两年几乎天天和 Borland C++ V3.1 打交道之后，我大约找到了十来个它的缺陷（bug）和避开的方法。当我啃了这全英文的 Help 之后，英文技术文档的阅读水平也大大提高了，真是让人意外。

后来，从几个学习群，还有读者来信中了解到，大量的读者，第一个 bug、第一个过不去的关卡，是使用了全角英文的字母，读者也是看不懂错误提示，然后怀疑自己的编程能力。这里，我先提醒大家，编译器和 IDE 都是给半角纯英文环境设计的，他们没有想到还会有中国人使用全角的这个问题。你们一定要跨过这个关口。实际上，我们的经验是，跨过这一关，你的学习能力开始具有加速度。当大一完成 C 语言程序设计的基本学习之后，假设从大二开始，像我们当年一样每天编写 100 行代码，等到大四毕业的时候，你怎么也有几万行代码的编写经验，基本上，找一份合适的工作就问题不大了。所以，一定要在大一闯过 IDE 工具和语言的熟练关，像我们当年熟练掌握了 Borland C++，后来也很轻松就转到其他开发工具上。这些工具之间举一反三，很容易就能学会。

就像我们熟练使用 Windows 系统，是从了解鼠标开始的一样，要学好 C 语言，要先过编译提示关，而且这个关口完全靠你自己摸索，别人几乎帮助不了什么。还好，你开始学习的时候，都是小程序，错误提示都是逐步出现的，一次只会出现 1 个或 2 个，而且会大量重复，这给了我们积累的时间。

第二个关口：理解变量和计算机对变量的操作

好多读者转不过这个弯来，始终觉得计算机程序是一个很奇怪的东西。这方面，我们从计算机的运行原理出发，给大家做了比较精彩的解释，希望能帮助大家跨越这一关。

20 多年前，我们刚进大学时，是在 VAX 小型机上学习编程语言，但很快又在 PC 机上学习另外一种编程语言。两种平台的区别把我们折腾得苦不堪言。老师也是匆匆来上课，很难找到他们去问问题。后来我仔细研究了两个上机手册，还是学校自己编印的那种，然后借助图书馆的好多资料，才明白小型机、UNIX、PC 机、DOS 的区别。现在回头来看，没有好书，没有人指导，真的是非常痛苦，但也锻炼了我们的学习能力，慢慢积累了和各种机器打交道的经验，不亦乐乎？

在今天这个时代，你需要理解 Linux 系统、Windows 系统和手机操作系统的区别，慢慢理解 CPU、硬盘和内存是什么关系，逐步提升对程序和系统的理解，这有助于你编写更好的程序。很遗憾，这些内容其他 C 语言图书中很少涉及，我们从现实需要出发，在本书中编写了这方面的相关内容。

第三个关口：现实问题的计算机化

中小学时期，很多人缺乏抽象训练，不能把生活中的问题数学化，以至于解决应用题时，一旦需要用到 x、y、z，就感到一头雾水；如果要列出数学关系式来，更是让人绝望。但是，把现实问题用计算机来解决，建立数学模型，把数学问题计算机化，难度就小很多了。并且，这些问题的程序设计解决之道，是有规律可循的：

（1）利用计算机强大的不知疲倦的计算能力。枚举法，不停地循环计算，是常见之道。所谓暴力计算，最典型是"百钱买百鸡"问题。

（2）利用计算机强大的存储能力。我们可以把一些做法甚至结果存在内存里面，根据需要调用即可。比如，暴力解决"算 24"问题。

（3）实在没办法，还有强大的函数库嘛，会使用就行了。

还有很多的数据结构和算法，可以让你体会如何把现实问题计算机化并采用一定的数据结构和算法处理，看多了，自然就会用了。这一关的意义是让读者成为一个真正的程序员。我大学毕业时接触的第一个项目是体温计。我们要从大量的数据中抽象出一个数据模型来，然后用计算机去统计和适配，最后得到一个算法，用以修正我们测量的数据。

如果具有良好的现实问题数学化、计算机解决化的能力，就可以轻松跨过学生学习到的知识到现实职场能力之间的小关卡。当然，过第三关的时候，最好辅助一些数学建模等相关图书，还有一定的课程设计、毕业设计级别的编程实践才行。至少你要理解结构体在解决现实编程问题中的意义。

我们把跨过这三关的方法作为三个重点，融合在这本 C 语言程序设计能力提升的参考图书之中，读者只需要按照本书的内容，加强练习，每天提升自己一点，每天理解一点 C 语言的精华所在，像钻研武功秘籍一样去修炼，相信你可以轻松过关。

这三关翻过，你基本就来到了编程的自由境界，你会从不断和计算机的交互过程中获得各种乐趣。如果你和当年的我们一样爱上编程这件事情——写一个代码，很快就能看到结果，这种机器实验实在是太吸引人了——你就可以开始探索程序设计中的其他奥秘了，比如一些指针的高级用法，充满玄妙的编程技巧，开始去理解"程序 = 算法 + 数据结构"。同时，你也积累了一些良好的编程习惯，或者说，掌握了软件构建的工程之道。毕竟，程序员除了是手工业的码农，还是一个软件工程师。

今天的读者很幸运，既有大量参考书籍，又有中文系统环境，还有网上交流的渠道。希望大家通过这本书，结合你们学习 C 语言程序设计的教材，逐步精进你的程序设计水平，成为一毕业就基本可以上岗的开发人员！

爱编程的魏校长

目录

第1章　一个简单的C语言程序

第2章　C语言基本功

第3章　使用顺序结构编写程序

第4章 使用选择结构编写程序

第5章 使用循环结构编写程序

第6章 用函数把程序分块

目录

第7章 数组

第8章 控制字符串

第9章　指针

第10章　结构体、共同体与引用

目录

第11章 预处理命令

第12章 编程规范和项目开发初步

第13章 管理计算机内存

第14章 文件操作

第15章　C语言中的库函数

第16章　应用数据结构

第17章　学生管理系统的开发

目录

第1章
一个简单的C语言程序

学习一门语言最好的办法就是直接使用其进行程序代码的编写。本章笔者将通过一个简单的 C 语言程序，来带领大家进入 C 语言程序设计的世界。在这里读者可以不用详细理解代码的内容，只需要认识 C 语言程序的大概结构就可以。在后面的章节中笔者将详细对其中涉及的内容进行讨论。

1.1 学习写第一个C语言程序

什么样的代码程序是一个 C 语言程序呢？

【实例 1.1】 打印一行字符串后，就可以回答读者的这个问题。

示例代码1.1 打印一行字符串到屏幕上

```
01  #include <stdio.h>                          /* 引入标准库函数，保证IO输出不出错 */
02  /*打印一行字符串到屏幕上*/
03  int main( )                                  /*主函数*/
04  {
05      int n = 10;
06      printf("Hello, This is C Program!\n");   /*打印字符串到屏幕上*/
07      printf("n = %d", n);                     /*输出变量n的值*/
08      getch( );                                /*暂停，等待用户按任意键*/
09      return 0;                                /*返回调用，程序结束*/
10  }
```

【代码解析】 第 5 行，是定义一个变量，并赋初始值 10。第 6 行是通过调用打印函数，把指定的字符串输出到屏幕上，其中的"\n"是输出换行符。第 7 行是打印变量 n 的值到屏幕上。第 8 行，是因为在 Windows 中调用字符界面的控制台（console）窗口时，执行完毕后，会自动把窗口关闭，屏幕上的字符就会一闪而过，所以需要在中间加一个暂停，在用户按任意键以后再执行后面的程序代码。

注意：被注释后的代码是不产生目标代码的，C 语言的标准注释是"/*…*/"，而不是 C++ 增加的"//"。不过有的编译器支持，在单行注释的时候，也可以选择使用。但本书为了统一和给初学者强调 C 的用法，基本不用。

1.2　分析C语言程序的组成部分

现在就来分析一下这段代码的组成，看是否是一个经典的 C 程序结构，如图 1.1 所示。

图1.1　示例代码1.1的结构分析

代码中的一对花括号"{"和"}"分别起到"Begin"和"End"的作用，也可以看作程序的分段设备，让程序更有可读性。其中 C 语言的注释说明语句可以放在程序中的任何位置。

从结构分析图中也明确说明 C 语言程序是由函数所组成的。而每一个函数又由一条复合语句（将在后面章节中讲解）作为函数体。C 程序的一般函数或者"main"函数后都应该有一个"{"，而在函数的最后是一个"}"。在一个 C 程序或者一个函数中，"{"和"}"必须成对出现。

注意：C 语言代码必须用"；"作为语句的结束。

1.3　运行这个程序

在本书学习的同时，读者应该已经在自己的计算机上安装了相应的 C 语言开发工具。或者你要保证你学习 C 程序所用的计算机上，是含有开发工具的。这样，你就可以把代码输入到编辑窗口中，然后编译并运行这个程序。

【运行效果】　如图 1.2 所示。

图1.2　程序运行效果

1.4　牛刀小试

俗话说"实践出真知"，学习编程也是一样。所以在电脑上直接使用 C 语言编写程序是学习 C 语言编程的最好方法。从结果中了解程序的运行过程，进而了解程序的结构，这要比只学习书本上的理论效果更好。然后动手对这些示例程序进行修改，进而学习和理解语言中更多的知识。从别人的代码中吸取经验，提高自己的编程水平。同时，实践也可以提高读者编程的兴趣，增加自信心，当看到自己编写的程序在电脑上运行时，您会更惊叹自己的创造力！

现在就请读者想一想如何通过前面学习到的内容进行综合应用，编写一段程序。

【运行效果】　打印出如图 1.3 所示的图像到屏幕上。

想一想，其实很简单，可以直接使用刚才介绍的"printf( )"打印函数。

图1.3　用*组成的三角形图像

【实例 1.2】　在每一行上输出相应的"*"符号，就可以实现用"*"号打印一个三角形图像。

示例代码1.2　用*号打印三角形

```
01 #include <stdio.h>                  /*插入输入输出函数头文件*/
02 /*用*号打印三角形*/
03 int main(void)                       /*主函数*/
04 {                                    /*函数开始*/
05   printf("   *\n");                  /*打印第一行*/
06   printf("  ***\n");                 /*打印第二行*/
07   printf(" *****\n");                /*打印第三行*/
08   printf("*******\n");               /*打印第四行*/
09   getch( );                          /*接收用户输入*/
10   return 0;                          /*返回*/
11 }                                    /*函数结束*/
```

【代码解析】　在代码的 5 ～ 8 行，分别调用打印函数，实现了用"*"号打印一个三角形图像的功能。其实这个代码，主要目的是给大家展示：你要什么，就给计算机下什么命令。但是，如果自己把"*"给错误写成了"8"，计算机系统是检查不出来的，它只会忠实执行你的命令。所以，得不到你想要的结果。但如果编译没问题，就要仔细阅读源代码，看看是不是忠实反映了你的思想和想法，当然，有时候，也是你自己对 C 语言的理解有问题，写错了源代码，但是程序按 C 语言标准的定义执行了。特别是在使用一些选择和循环语句的时候。

1.5　C程序的构成

经过两个案例，我们可以总结一下 C 语言编写的程序的构成情况了。

虽然世界上用 C 语言编写的电脑程序代码内容千变万化，但其构成都是一致的，一个完整的 C 源代码的格式如图 1.4 所示。

从图 1.4 中可以看出，一个 C 源代码实际上就是由若干函数组成的集合，这些函数中有一个是程序的主函数，任何 C 的源代码在编译成程序后，在执行时，都是从主函数开始执行的，其他的函数最终必将被这个主函数所调用。C 语言除了主函数规定必须取名 main 外，

| 编译预处理 |
| 主函数main( ) |
| 其他函数( ) |
| 语句 |

C源代码(.c)

图1.4　C源代码的结构

其他的函数名可以任取，但是要符合 C 的标识符取名规则。另外注意不要与保留字重名，最好也不要与 C 语言中的库函数或其他一些命令如编译预处理命令重名。

各个函数在程序中所处的位置并不是固定的，但要求一个函数是完整的、独立的。不允许出现在一个函数内部又去定义另一个函数，或是出现函数格式不齐全的现象。关于函数的其他内容，笔者将在后面与大家进行讨论。

技巧：在 C 语言中，把每个子功能都做成函数，这样既容易维护，也便于进行分工合作的程序开发。

第2章
C语言基本功

在本章中主要对 C 语言的标识符、变量、常量、基本数据类型运算符和表达式等基本概念进行讨论，同时对其中的重点内容给出多个示例程序进行详细阐述，为以后各章打下基础。

本书面向希望真正用 C 开发代码的读者。2.1 节的内容较为深奥，读者可以在学习完指针之后，再来回顾这部分内容。第一遍阅读，可以从 2.2 节开始。

2.1　了解电脑内存的运行方式

2.1.1　数据和代码都存储在内存中

在电脑的组成结构中，有一个很重要的部分，就是存储器。其是用来存储程序和数据的部件，对于电脑来说，有了存储器，才有记忆的功能，才能保证正常工作。

存储器的种类很多，按其用途可分为主存储器和辅助存储器，主存储器又称内存储器，简称为内存。辅助存储器又称外存储器，简称外存（详细内容可以阅读计算机原理相关书籍）。

内存中最小的存储空间单位是 bit，也被称为位，是一个二进制存储，即 1 和 0。显然这样单独使用 1 个位（bit）来存储数值效率很低，而且能表示的数值也只有 1 和 0。所以通常电脑的内存中都以 8 个 bit 为单位进行存储，即 Byte，也被称为字节。然后再用这 8 个位共同组成的存储的数据，形成一个数值，这样存储的数据就变大了，可以存储 0 ～ 256 个不同的数据。

其中 8 个位从左到右是由高到低进行排列的。最高位是 2^7，如果这一位中存放的是 1，则表示当前组成的数据值包含 128 这个值，反之，就是不包含。次高位是 2^6，如果这一位中存放的是 1 则表示当前组成的数据值包含 64 这个值，反之，就是不包含。依此类推，最低位是 2^0。数值 145 在内存中表示方法如图 2.1 所示。

图 2.1 中数值的计算方法如下所示：

$$145 = 2^7 + 2^4 + 2^0 = 128 + 16 + 1 = 145$$

同时，由于内存是一个很大的、连续的存储空间，其又是由很多字节存储单元（以后在讲解存储单元时，都是以字节为单位，除非特别说明）所组成。所以电脑要访问和操作每个存储单元中的数据和程序时，就需要给每个存储单元分配一个地址。这样电脑就可以访问和操作这些存储单元了。图 2.2 就是内存中存储单元的结构。

图2.1　字节与位的关系

图2.2　存储单元在内存中的结构

2.1.2　任何数据都需要标识符才能读取

数据或者代码存储在内存中，都是有一个内存地址的。比如，任何一个函数编译成功之后导入内存，都要占据一定的内存空间，一般来说都是按顺序存储的一块空间。那么，这块内存空间的开始位置，这个内存地址就是函数的地址，也是后面我们要学习的函数指针所存储的函数的内存地址。

代码如此，数据也是这个原理。比如，当你定义了一个"学生"的数据结构，每一个学生数据块，按顺序存储了学生的名字、年龄、身高、体重、家庭地址。那么，每一个数据块的开始位置就是这个学生数据的存储地址。我们可以通过数据指针存储的地址来找到这个数据，也可以直接通过一个标识符来表示这个数据的开始，这样更方便使用数据。

事实上也是如此。我们用 int a=77 这样的语法来表示在内存中开辟一块空间，来存储一个整数，这个整数的值是 77，也就是存储空间中存储的初始数据是 77；我们用 int addfun(int a, int b) {；} 来表示一段代码的开始，我们使用 addfun 这个函数，程序就自动跳向那段代码，也不用使用代码地址。

而这些标识符和内存中实际地址的定位完全由编译器来决定，我们程序开发者完全不用关心这些细节，有了这种办法，面向人的程序设计语言就开始了。

C 语言比较特殊，还能用指针这种方式来存储代码或者数据的地址，所以，是少有的能在程序设计中操作内存的工具，因此能开发一些底层应用和系统级应用。比如，能写编译器，能写数据库，能写驱动……关键是能写操作系统。这也是 C 语言生命力这么强的主要原因。

2.2　认识和使用标识符

每种不同的语言都有自己特定的字符表示，这就好像现实世界的语言一样。英文、中文、拉丁文、希腊文等其基本文字都是不同的。C语言也有自己特定的字符表示，用于区分不同的内容信息。

在C语言中，这些字符被称为标识符，是由一个或者多个字符组合而成的字符序列。标识符用来标记变量、常量、数据类型、函数以及各种程序的名字。

2.2.1　标识符的命名规则

既然标识符是用来区分不同内容信息的，那么其就有一些命名规则来加以说明。在C语言中，标识符有两个命名规则：①只能以字母或者下划线"_"字符开始；②在第一个字符以后，可以是任意的字母组合、下划线或者数字组合的字符序列。

如下所示，就是一些合法的标识符：

```
_Count
sum_a12
index
i520
```

而下面这些就是一些不合法的标识符：

```
5Gb                          以数字开始
very good                    中间有空格
pub-china                    出现了不合法的字符
```

C语言的标识符是没有长度限制的，但由于每种电脑系统的不同，其所能识别的标识符长度也是有区别的。以32位机为例，一般可以识别31个字符的标识符。所以在这里笔者建议使用31个字符以内的字符序列定义标识符。

另外，C语言中对于字母是有大小写区别的。例如，Count、count、COUNT分别代表三个不同的标识符，而有的语言是不区分的。这也是C语言与其他语言的不同。

2.2.2　C语言中标识符的分类

C语言中的标识符可以分为三大类。

① 关键字。关键字是用来说明C语言中某个固定含义的字。例如，数据类型关键字、程序流程控制关键字等。这些关键字为C语言所保留使用，同时也不能作为一般标识符。正是有了这些关键字的存在，C语言编译器才能正确识别输入的程序代码是如何分隔的，这就好像写应用文时为了突出重点，常常都把关键字或者词进行标注一样。C语言关键字如表2.1所示。由于C语言中的习惯是使用小写字母，所以关键字都是由小写字母构成的。

② 特定字。特定字与关键字不同，其主要用在C语言的预处理程序中。这些标识符虽然不是关键字，但由于这些字符被赋予了特定的含义，所以大家也习惯把其看作关键字来使用。在这里单独提出，是为了明确其与关键字的区别。C语言的特定字如表2.2所示。

表 2.1　C 语言关键字

void	unsigned	double	float
int	long	short	char
struct	union	auto	extern
register	static	typedef	goto
return	sizeof	break	continue
if	else	do	while
switch	case	default	enum
for	entry		

表 2.2　C 语言特定字

define	include	undef	ifdef
ifnde	endif	line	

③ 一般标识符。一般标识符就是程序员常常根据程序的需要，自己按照标识符命名规则定义的一些标识符。程序员可以根据这些标识符所要标识内容的含义用英文、拼音或者习惯的符号来表示。笔者建议各位读者如非必要都尽量使用英文来定义标识符，这样不仅容易理解，而且标识也会比较明确。

2.3　什么是变量

在电脑中程序处理的主要对象就是数据，在 C 语言程序中，数据一般是存储在变量或者常量之中的。下面就先来讨论一下什么是变量，如何声明、定义和初始化变量。

2.3.1　了解变量

变量就是在内存中可以不断地被程序操作的、有名字的一块存储区域。在程序看来，需要不断变化的数据就都应该存放在变量之中。

变量有一个名字，它被称为变量名，用一般标识符来表示。每一个变量都只能与一个数据类型相关联。数据类型（将在后面进行讨论）决定了变量在内存中的大小、布局、能够存储于该内存中的数值的取值范围以及可应用在该变量上的操作集。因此电脑程序才可以正确理解变量中数据的含义。

2.3.2　声明变量

变量在使用以前必须被声明。而所谓的声明变量就是指出该变量的数据类型、存储长度和变量的名称。声明一个变量的格式如下：

```
变量数据类型   变量名；

int nLen;                              /*声明一个整型的变量nLen*/
```

也可以使用如下格式同时声明 *n* 个同类型的变量，注意一定是同类型的。

变量数据类型　变量名1, 变量名2, …, 变量名n;

```
int a,b,c;                        /*同时声明三个整型变量a,b,c*/
```

不同类型的变量不能在同一语句中进行声明，这样的方式是错误的。例如：

```
int len, short count;             /*在同一行声明不同类型变量，这是错误的*/
```

在前面的声明格式中的"变量名"就是所谓程序给变量取的名字，就好像每个人都有自己的名字一样，给变量起名的意义是为了区分不同的变量。

C 语言中的变量的名称是不能随便取的，除了必须遵循标识符命名规则外，还应该尽量遵循编程规范（参见本书第 12 章），虽然其不是必须都得遵循的，但为了方便对代码的阅读和理解，在程序设计时应尽量采用。而且，在 C 语言中，变量必须声明在函数体中的前面部分，而不能声明在中间。

技巧：变量命名不宜过长。用很长一串字符来命名会减慢编程的速度，也会使阅读程序困难。不要用过长的名称来命名变量，一般采用缩写来命名，例如：用"init"来表示初始化等。

2.3.3　初始化变量

声明变量之后必须对其进行初始化才能使用，否则会导致程序运算错误，这是因为在变量声明以后，系统会自动为其分配一块内存空间，但这块空间中的数据是乱的，所以不初始化就会导致程序运算错误。在对变量进行初始化后，变量的值才会变得有效。

变量名=初始值;

当然，也可以在声明变量的时候进行初始化，其格式如下：

变量类型　变量名=初始值;

但要注意，在变量初始化的时候，设置的初始值一定要符合变量的数据类型。例如下面的初始化就是错误的：

```
int nPI          = 3.1415;        /*int 型初始化为float 型数据*/
char c           = 512;           /*char 型初始化为int 型数据*/
```

正确的初始化方法应该是：

```
int nCount = 100                  /*正确的初始化*/
float fpi         = 3.1415        /*正确的初始化*/
```

2.4　什么是常量

2.4.1　认识常量

与变量相对的就是常量。变量的值可以在程序中随时改变。而常量的值刚好相反，是不能被改变的。比如在程序设计中，常常会把圆周率 π 设置为常量。其值就默认等于 3.1415927。

常量必须在声明时进行初始化，并且除声明语句外，在程序的什么地方都不能再对其进行赋值。这是和变量明显不同的地方之一。事实上，只要是在程序中不需要改变的数值，都应当声明成常量。这样做是可以提高程序稳定性和严谨性的。在 C 语言中，常量可以分为 5 种，如图 2.3 所示。

常量 { 整型常量 / 浮点型常量 / 字符型常量 / 字符串常量 / 符号常量 }

图2.3　常量的分类

2.4.2　整型常量

C 语言中的整型常量可以有 4 种表示方法。

① 十进制表示方法。这是大家通常习惯最常用的普通数字表示方法。下列这些表示方法都是正确的：

```
10,200,0,-30
```

十进制常量一般占带符号整型数据长度，是一个带正、负号的数据。

② 十六进制表示方法。这是以"0x"或者"0X"开头的十六进制字符串。其有效字符包括"0 ～ 9，a ～ f"或者"0 ～ 9，A ～ F"，其中"a ～ f"和"A ～ F"表示十进制数值 10 ～ 15。下面就是一些正确的十六进制常量的表示方法：

```
0x10                                    /*十进制数值16*/
0x14                                    /*十进制数值20*/
0x20A                                   /*十进制数值522*/
0xF00F                                  /*十进制数值61455*/
```

其中，0x10 代表十进制数 16；0x14 = 0x10 + 0x04 = 16+4 = 20。其余以此类推。

③ 长整型表示方法。长整型数与十进制整型数一样，不过其能表示的数值范围更大。一般长整型在 32 位的电脑上，占用 4 字节的存储空间。在表示长整型时，在数字的后面跟上字母 L。下面就是一些正确的长整型常量表示方法。

```
18L                                     /*十进制数值18*/
-1000L                                  /*十进制数值-1000*/
123456L                                 /*十进制数值 123456*/
0x123456L                               /*十进制数值 1193046 */
```

注意：18L 和 18 在数值显示上虽然没有什么区别，但是在一个 16 位机（一般是嵌入式系统中才会遇到）上，18 占用 2 个字节，18L 占用 4 个字节。

④ 八进制表示方法。这种表示方法，由数字 0 开始，后面跟一串八进制数。其有效字符包括 0 ～ 7。下面就是一些有效的八进制常量的表示方法：

```
014                                     /*十进制数值12*/
0100                                    /*十进制数值64*/
05                                      /*十进制数值5*/
```

2.4.3　浮点型常量

浮点型常量有 2 种表示方法，而且包括小数，也常被称为实型常量。

① 十进制数表示方法。由整数、小数和正负号三个部分所组成。下面就是其正确表示方法：

```
1.2345, .875, 100.123, -333.333
```

② 指数型表示方法。前面由十进制数表示，然后在后面跟上 e 或者 E，最后再跟一个指数部分。指数可以带正号或者负号。e 或者 E 是用来代表 10 的，这与数字中的科学记数法相同。其一般表现形式如下：

*aEn*或者 *aE-n*

表示 $a \times 10^n$，其中 n 必须是整数，下面列举一些正确的指数形式的浮点型常量：

```
1234e5                          /*相当于1234 × 10⁵ */
31415e-4                        /*相当于31415 × 10⁻⁴ */
-1.5e2                          /*相当于-1.5 × 10² */
8e3                             /*相当于8 × 10³ */
```

综合来说，浮点型常量的组成规则有 3 条：①如果一个浮点数有小数点，则小数点左右至少一边有数字；②指定部分必须是整数；③如果浮点数包含 e 或者 E，则两边至少要有一位数字。

注意：浮点型常量总是占用 8 个字节的存储空间，这与后面讲到的浮点型变量是不一样的。

2.4.4 字符型常量

字符型常量都是由单个字符所组成的，被单引号（'）括起来。例如：

```
'x','z','A'                     表示字母的字符常量
;'1','2','3'                    表示数字的字符常量
'*','/','%'                     表示符号的字符常量
```

在 C 语言中，一个字符型常量占用一个字节的存储空间，主要用于与其他字符进行比较。但由于在内存中存放字符型常量时，并不是存放这个字符本身，而是存储这个字符所对应的 ASCII 码值，所以其在 C 语言程序中也常常被当作一个整数，参与与整数相关的运算。

除常用字符以外，C 语言中还包含一种以特殊形式出现的字符型常量。因为在 ASCII 码字符集中，有一些控制或者格式字符是非图形的。对于这些字符，C 语言中难以表示。所以这些字符型常量就用以 "\" 开始的字符来表示，被称为转义字符。常见的以 "\" 开始的转义字符如表 2.3 所示。

表 2.3 常用的转义字符

转义字符表示	含义说明	转义字符表示	含义说明
\n	换行符	\f	走纸符
\t	水平制表符（一般是8个字符）	\0	空字符（一般用于表示字符串的结尾）
\v	垂直制表符	\\	反斜线
\b	退格符	\'	单引号
\r	回车符	\"	双引号

注意：在 C 语言程序中，所有的转义字符都被认为是一个字符。其中 "\" 被认为与转义字符是一个整体。

2.4.5 字符串常量

由零个或者多个字符组成的常量，就被称为字符串常量。其必须是被一对双引号（""）括起来的。这是明确区分字符和字符串常量的标志。例如：

```
"hello"                         /*常见的字符串常量*/
"this is program"              /*包含空格的字符串常量*/
"0"                            /*单个字符的字符串常量*/
" "                           /*引号中有一个空格的字符串常量*/
```

```
""                                       /*引号中什么也没有的字符串常量*/
"\n"                                      /*包含一个换行符的字符串常量*/
```

但要注意，字符串常量的双引号并不是字符串常量的一部分，只是用于充当分界符使用的。如果在字符串常量中，还要出现双引号（"），则必须使用转义字符（\）+ 双引号（"）来表示出现在字符串常量中的这个双引号（\"），例如：

```
"hello \"peter\" "                       /* 这是表示 hello "peter" 这个字符串常量*/
```

在 C 语言编译器看来，字符串常量是一个具有多个元素的数组，即这个数组中的每一个元素都是一个字符，然后由这些字符元素组成字符串。在编译时，电脑程序会自动在每个字符串的末尾加上"\0"（字符串结束符）来表示字符串终结。在 C 语言中的字符串常量的长度不受限制，只有在字符串常量的末尾出现了"\0"才认为这个字符串结束。

2.4.6　符号常量

在 C 语言中，常量还可以用自定义的标识符来命名，这就是所谓的符号常量。而符号常量需要用来宏（define）来定义。

【实例 2.1】 通过定义一个符号常量 PI 并指定圆的半径（radius）值，最后求出圆的面积，如示例代码 2.1 所示。

示例代码2.1　求圆的面积

```
01 #include <stdio.h>                     /*包含系统头文件*/
02
03 #define PI 3.1415                      /*定义一个符号常量 PI,其值为3.1415*/
04
05 void main( )
06 {
07         float area = 0.0;              /*定义并初始化浮点型变量area = 0*/
08         int radius = 5;               /*定义并初始化整数型变量radius = 5*/
09         area = PI * radius * radius;  /*套用圆面积的数学公式*/
10         printf("area is %f\n",area);  /*格式化数据并输出字符串*/
11         getch( );                     /*暂停*/
12 }
```

【代码解析】 代码第 9 行，就是利用符号常量 PI，用其数值 3.1415 乘以 radius 的平方，求出圆的面积，并把结果值存放到圆面积变量 area 中。

【运行效果】 编译并执行程序后，输出结果如图 2.4 所示。

`area is 78.537498`

从程序运行结果可以看出，符号常量"PI"的值 3.1415 被 图 2.4　求圆面积程序的运行结果 应用于运算之中，所以才能得到这个结果。定义符号常量后，以后在程序中需要使用 3.1415 这个值参与运算时，都可以用"PI"来代替。而且由于"PI"是一个常量，这样就保证了其在程序中只能被引用，而不能被改变。

使用符号常量有如下 2 个优点：

① 使用符号常量可以使程序代码的可读性提高。例如，当别人看到如下所示的一段代码时，根本就不知道这里 100 代表的是什么意思，只知道数值是 100。

```
for(int i=0; i<100;)
{
```

```
    i++;
}
```
而当看到以下这一段代码时，别人就可以很清楚明白 MAXLENGTH 所代表的是最大长度。
```
for(int i=0; i<MAXLENGTH;)
{
    i++;
}
```
② 使用符号常量可以使程序代码更易修改。例如，在一大段程序代码中，多处引用同一个数值（3.1415），当这个值突然需要被改变时，那么就需要多次更改整个代码段的多处地方。这样非常不方便。而如果定义了符号常量"PI"，那么这个时候只需要修改定义"PI"时给定的值，就可以达到同样的效果。

注意：在定义符号常量时，在这段代码的最后，一定不能使用分号"；"来表示语句的结束。因为这个符号定义不是一个语句，而是一个预处理命令。

2.5　C语言程序中数据存储的基本类型

在 C 语言程序中，数据如何存储其数据类型起着非常重要的作用，不仅规定了数据占用内存空间的大小和表示数值的范围，而且数据类型还约束不同的运算规则。

C 语言中规定有 3 种不同的基本数据类型：①整型，声明关键字"int"；②实型，声明关键字"float"和"double"；③字符型，声明关键字"char"。

2.5.1　存储整型数据

所谓的整型数据是指数据是没有小数部分的，其值可以是正，也可以是负。例如日常生活中用到的 12、–22、1234、2009、–999、–2009、0 等都是整型的。其中 12、1234、2009 等又被称为正整型，0 一般也被当作正整型处理。而 –22、–999、–2009 等被称为负整型。

在 C 语言中用"int"这个关键字来声明一个存放整型数据的变量。例如：
```
int nCount;                          /*声明一个整型变量nCount*/
int nNum;                           /*声明一个整型变量nNum*/
int abc;.                           /*声明一个整型变量abc*/
```
整型变量在声明时进行初始化，其方法如下所示。
```
int nCount = 100;
```
整型数据的取值范围由机器中的系统规定的字长所决定，在不同的电脑系统中，其表示的范围是不同的。例如：早期的 16 位电脑系统是使用 2 字节，而 32 位电脑系统则是使用 4个字节。一般现在的大多是 64 位的。在表 2.4 中仅列举出了 16 位机和 32 位机上有符号整型数据的取值范围。

表2.4　有符号整型数据范围

电脑系统位数	最大值	最小值
16位机	32767	–32768
32位机	2147483647	–2147483648

注意：在 C 语言中，直接声明 int 变量时，其默认是有符号的整型数据。

虽然整型数据能表示的数已经比较大，但也有不够用的情况。例如：表示银河系中两个星球之前的距离是多少千米，又或者是太阳系的直径是多少米等数据时，整型数据就不够用了。为此 C 语言中就增加了一种整型的扩展：长整型数据。其可以用"long"关键字来声明。这种长整型数据的声明是在"int"前面增加"long"关键字，例如：

```
long int ilen;                    /*长整形变量 ilen*/
long int icount;                  /*声明长整型变量 icount*/
long int itime;                   /*声明长整型变量 itime*/
```

但在有的编译器中，为了让代码看上去更直观和简洁，可以支持直接用"long"来声明长整型的变量。其效果与前面的声明是一样的。例如：

```
long ilen;                        /*声明长整型变量 iLen*/
long icount;                      /*声明长整型变量 iCount*/
long itime;                       /*声明长整型变量 iTime*/
```

长整型数据存储数值的范围如表 2.5 所示。

表 2.5　长整型范围

电脑系统位数	最大值	最小值
16位机	2147483647	-2147483648
32位机	2147483647	-2147483648

从上面的表中会发现一个问题，长整型和整型其实只是在 16 位电脑上有表示范围的差异，而在 32 位电脑上是无差异的。这是因为在 32 位电脑上，一般把长整型和整型的表示范围设置为相同大小，同样占用 4 个字节大小。

与长整型相对的就是短整型。其用"short"这个关键字来声明一个短整型变量，占用 2 个字节大小，数值的有效范围在 16 位和 32 位电脑上都是一样的，为 32767 ～ -32768。例如：

```
short sCount;                     /*声明短整型变量 sCount*/
short sNum;                       /*声明短整型变量 sNum*/
short sLen;                       /*声明短整型变量 sLen*/
```

其实，在日常生活中大家一般使用的都是正整数，即数学中的自然数，负数是比较少用的。所以电脑为了在不增加存储空间和不影响执行速度的前提下，在存储数据时，直接把存储数据的符号去掉，这样变量能表示的最大值就扩大了，这种存储的数据类型在 C 语言中就被称为无符号数据类型。

C 语言中声明无符号整型变量，是在"int"关键字前加上"unsigned"关键字。例如：

```
unsigned int unCount;             /*声明无符号整型变量 unCount*/
unsigned int unNum;               /*声明无符号整型变量 unNum*/
unsigned int abc;                 /*声明无符号整型变量 abc*/
```

既然是把最大值扩大了，那么其数值范围也不同了，无符号整数型变量存放的数值范围如表 2.6 所示。

表 2.6　无符号整型范围

电脑系统位数	最大值	最小值
16位机	65535	0
32位机	4294967295	0

既然有无符号的整数型变量，那么也就有无符号的长整型和短整型变量，其声明都是在原关键字前加上 "unsigned" 关键字。例如：

```
unsigned long uiCount;          /*声明无符号的长整型变量 uiCount*/
unsigned long uiNum;            /*声明无符号的长整型变量 uiNum*/
unsigned short usLen;           /*声明无符号的短整型变量 usLen*/
unsigned short usCount;         /*声明无符号的短整型变量 usCount*/
```

无符号短整型数值范围在 16 位和 32 位电脑上都是 65535 ～ 0。而无符号的长整型数值范围如表 2.7 所示。

表 2.7　无符号长整型范围

电脑系统位数	最大值	最小值
16位机	4294967295	0
32位机	4294967295	0

【实例 2.2】　声明不同的几种整型变量并进行初始化，最后调用打印函数输出这些变量的值，如示例代码 2.2 所示。

示例代码2.2　打印各种整型变量的值

```
01  #include <stdio.h>                /*包含打印函数的声明头文件*/
02
03  int main(void)                    /*主函数*/
04  {
05      int a = 10;                   /*初始化整型变量a=10*/
06      short b = -100;               /*初始化短整型变量b=-100*/
07      long c = 1000000;             /*初始化长整型变量c=1000000*/
08      unsigned int d = 0xFFFF;      /*用十六进制数初始化无符号整型变量d，值为65535*/
09      signed int e = -20000;        /*初始化有符号变量，其实就是默认的整型*/
10      printf("int type a = %d\n", a);   /*打印变量的值*/
11      printf("short type b = %d\n", b);
12      printf("long type c = %ld\n", c);  /*打印长整型变量的值，要采用ld*/
13      printf("unsigned int d = %u\n", d);  /*打印无符号整型变量时，要采用u*/
14      printf("signed int e = %d\n", e);
15      getch( );                     /*暂停等待用户输入任意键*/
16      return 0;                     /*返回调用*/
17  }
```

【代码解析】　代码第 10 行，printf（）函数中的 "%d" 代表打印一个整型数值。代码第 12 行，printf（）函数中的 "%ld" 代表打印一个长整型数值。代码第 13 行 printf（）函数中的 "%u" 代表打印无符号整型数据。

【运行效果】　分别打印各种整型变量的值，如图 2.5 所示。

技巧：在 16 位电脑系统，如果采用长整型可能会降低程序执行的速度，除非在必要时才使用。在 32 位电脑系统，则没有这个限制。

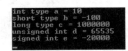

图2.5　各种整型变量的值

2.5.2　存储实型数据

实型数据是由一个整数部分、一个小数部分以及可选的后缀组成的。例如：3.1415、0.5、0.875

等都是实型数据。在 C 语言中把实型数据按照其表示的数值的范围分为浮点型和双精度型。

① 声明一个浮点型的变量使用 "float" 关键字，例如：

```
float half;                              /*声明浮点型变量 half*/
float pi;                                /*声明浮点型变量 pi*/
float num;                               /*声明浮点型变量 num*/
```

在电脑中，浮点型数据一般是用 4 个字节进行存储表示的。其有效的数值表示范围为（3.4e+38）～（3.4e-38），最多只提供 6 ～ 7 位有效数字。

② 双精度数据类型和浮点型数据类似，因为其要占据 2 倍于浮点型数据类型的存储空间，所以被称为双精度数据类型。声明一个双精度类型的实数变量，使用 "double" 关键字。例如：

```
double dbNum1;                           /*声明双精度实数变量  dbNum1*/
double dbNum2;                           /*声明双精度实数变量  dbNum2*/
double dbNum3;                           /*声明双精度实数变量  dbNum3*/
```

双精度实数类型的数据，电脑用 8 个字节进行存储表示，其有效数值范围为（1.7E-308）～（1.7E+308），最多可提供 12 ～ 16 位的有效数字。

【实例 2.3】　声明不同的几种实型变量并进行初始化，最后调用打印函数输出这些变量的值，如示例代码 2.3 所示。

示例代码2.3　打印各种实型变量的值

```
01 #include "stdio.h"                    /*包含系统头文件*/
02
03 int main(void)                        /*主函数*/
04 {
05     float fhalf   = 12345.671;        /*声明并初始化浮点型变量fhalf*/
06     double dbsize = 12345.671;        /*声明并初始化双精度变量dbsize*/
07     printf("float type fhalf = %f\n", fhalf);  /*打印实型变量的值*/
08     printf("dbsize type dbsize = %f\n", dbsize);
09     getch( );                         /*暂停，等待用户按任意键*/
10     return 0;                         /*返回调用*/
11 }
```

【代码解析】　代码第 5、6 行，声明并初始化两个实型变量。第 7、8 行是打印出这个变量的值，printf（ ）函数中的 "%f" 代表打印一个实型数值。

由于 float 型的变量只能存储 4 个字节，有效数字为 7 位。所以其中 half 中的最后一位小数是不起作用的，即其保存的是 12345.67，后面的数字 1 是无效的，所以最后输出的值是 12345.671 的一个近似值，如 12345.670898。但如果是 double 型的，则 dwsize 中是能够存储全部 12345.671 有效数的。最后输出的就是 12345.671。对于这一点，读者只需要知道就行了，不必细究，这与电脑的存储方式有关系。

```
float type fhalf = 12345.670898
dbsize type dbsize = 12345.671000
```

图2.6　各种实型变量的值

【运行效果】　编译并执行程序后，其输出结果如图 2.6 所示。

2.5.3　存储字符型数据

通常字符型数据就是指存储在电脑中的字符数据。例如 'A' '#' 'z' '1' 等都是字符型数据。但是要注意，电脑中字符型数据并不是直接存储为字符，而是存储字符的 ASCII（American Standard Code for Information Interchange，美国标准信息交换码）码值。

ASCII 码是目前电脑中用得最广泛的字符集及编码，是由美国国家标准局（ANSI）制定的，其已被国际标准化组织（ISO）定为国际标准，称为 ISO 646 标准，适用于所有拉丁文字字母。根据 ASCII 码标准，数值 65 代表大写的'A'，而 47 则代表小写字母'a'，表 2.8 列出了 ASCII 码前 128 个编码的十进制表示，读者可以不必记住这些代码值，但必须理解每个 ASCII 码都与一个特定的数值相对应的概念。

表 2.8 ASCII 码表

十进制	符号	十进制	符号	十进制	符号	十进制	符号
0	NUT	32	(space)	64	@	96	、
1	SOH	33	!	65	A	97	a
2	STX	34	"	66	B	98	b
3	ETX	35	#	67	C	99	c
4	EOT	36	$	68	D	100	d
5	ENQ	37	%	69	E	101	e
6	ACK	38	&	70	F	102	f
7	BEL	39	'	71	G	103	g
8	BS	40	(	72	H	104	h
9	HT	41	)	73	I	105	i
10	LF	42	*	74	J	106	j
11	VT	43	+	75	K	107	k
12	FF	44	,	76	L	108	l
13	CR	45	-	77	M	109	m
14	SO	46	.	78	N	110	n
15	SI	47	/	79	O	111	o
16	DLE	48	0	80	P	112	p
17	DCI	49	1	81	Q	113	q
18	DC2	50	2	82	R	114	r
19	DC3	51	3	83	X	115	s
20	DC4	52	4	84	T	116	t
21	NAK	53	5	85	U	117	u
22	SYN	54	6	86	V	118	v
23	TB	55	7	87	W	119	w
24	CAN	56	8	88	X	120	x
25	EM	57	9	89	Y	121	y
26	SUB	58	:	90	Z	122	z
27	ESC	59	;	91	[	123	{
28	FS	60	<	92	\	124		
29	GS	61	=	93	]	125	}
30	RS	62	>	94	^	126	~
31	US	63	?	95	—	127	DEL

观察表 2.8，会发现其中有不少奇怪的字母组合，这些字母组合的含义如表 2.9 所示。

表2.9　特殊字符的含义

字母组合	含义	字母组合	含义	字母组合	含义
NUL	空	VT	垂直制表	SYN	空转同步
SOH	标题开始	FF	走纸控制	ETB	信息组传送结束
STX	正文开始	CR	回车	CAN	作废
ETX	正文结束	SO	移位输出	EM	纸尽
EOY	传输结束	SI	移位输入	SUB	换置
ENQ	询问字符	DLE	空格	ESC	换码
ACK	承认	DC1	设备控制1	FS	文字分隔符
BEL	报警	DC2	设备控制2	GS	组分隔符
BS	退一格	DC3	设备控制3	RS	记录分隔符
HT	横向列表	DC4	设备控制4	US	单元分隔符
LF	换行	NAK	否定	DEL	删除

字符型数据在电脑中占用 1 个字节的存储单元，所以也是一个 8 位的整数值，表示数值的范围为 127～-128。在 C 语言中，要声明一个字符型的变量，使用关键字"char"。例如：

```
char no;                          /*声明一个字符型变量 no*/
char yes;                         /*声明一个字符型变量 yes*/
char tmp;                         /*声明一个字符型变量 tmp*/
```

与前面所说的字符常量相同，字符型变量的数据都必须使用单引号引起来，例如：'Y'。如果要在字符型变量声明时进行初始化，其方法如下所示：

```
char no='N';                      /*声明字符变量no，并初始化为字符N*/
```

同时，字符型数据也是有"有符号"和"无符号"之分的。如果要声明一个无符号的字符型数据，只需要在"char"关键字的前面加上"unsigned"关键字，其有效的数值范围就变为 255～0。例如：

```
unsigned char no;                 /*声明无符号字符变量 no*/
unsigned char id;                 /*声明无符号字符变量 id*/
```

【实例 2.4】　分别声明一个无符号和一般字符型变量，经过赋值、减法等若干操作后，最后分别输出无符号字符变量的数值及一般字符变量所代表的数值和字符到屏幕上。如示例代码 2.4 所示。

示例代码2.4　打印字符型变量所代表的字符和数值

```
01 #include <stdio.h>
02
03 int main(void)
04 {
05     char c1                = 'G';          /* 初始化字符型变量c1的值为'G'*/
06     unsigned char c2    = 0;              /*初始化无符号字符型变量c2的值为0*/
07     c2 = c1 - 'A';                         /*用c1的值当成整数去减字符A的值 */
08     c1 = c1 - 1;                           /*把c1的值减去1*/
09     /* 分别输出c1和c2中存放的整数值，最后输出c1中字符*/
```

```
10      printf("c1 = %d, c2 = %d, c1 = %c\n", c1, c2, c1);
11      getch( );                                    /*暂停*/
12      return 0;
13  }
```

【代码解析】 代码第 5 行初始化字符型变量 c1 的值为 'G'（查 ASCII 码表得知，数值是 71）。第 6 行初始化无符号的字符变量 c2 为 0。第 7 行把一般字符型变量的值，当成整数减去字符常量 A 的值，即 65，并将结果存放到无符号的变量 c2 中。第 8 行再把 c1 的值去减 1，即 70，表示字符 'F'（可以对应查 ASCII 码表）。第 10 行，printf( ) 函数中的 "%c" 代表打印一个字符。

【运行效果】 程序编译并执行后，分别打印出 c1 和 c2 的整数值及 c1 所代表的字符，如图 2.7 所示。

图2.7　打印字符型变量所代表的字符和数值

2.6　基于数学程序运算符和表达式

除了变量和常量外，在 C 语言中还有其自身支持的、操作各种不同类型变量与常量的运算符和表达式。

运算符是对数值进行一种运算的符号。其对操作数进行运算，操作数可以是一个数值、变量或者常量。比如，大家平时接触到的数学中的运算符（+、-）及比较运算符（>、<、=）等等。这些在 C 语言中也是支持的。C 语言的运算符范围很广，有带一个操作数的，也有带两个操作数的；有些是专用的，而有些是由其他运算符派生出来的。所以很难找到一个程序能把所有的运算符都用上。

表达式与运算符是相互依存的关系。表达式一般就是由运算符和操作数所组成的式子。由于 C 语言中的运算符很丰富，因此表达式的种类也是很多的。C 语言中最简单的表达式就是普通的常量或者变量。

2.6.1　在 C 语句中使用算术运算符

在 C 语言中能够支持的算术运算符如表 2.10 所示。

表 2.10　算术运算符

运算符	说明	例子
+	加法运算符，或者表示正值	2+3　+8
-	减法运算符，或者表示负值	5-2　-88
*	乘法运算符	7*2
/	除法运算符	9/3
%	取模运算符，又称取余运算符	10%3的结果是1

算术运算符的计算方法同数学中的基本一致。不过要注意以下两点：

① 当除号两边的数为整型数据时，其结果必定为整型。如 5/3 的结果值为 1，舍去小数部分。但是如果除数或者被除数中有一个为负值，则舍去的方向是不固定的。例如，-5/3 有

的电脑上是 -1，有的是 -2。

② 取模运算符只能适用于整型数据，余数的符号与被除数相同，而且最后的结果要么是 0，要么就是一个比除数小的值。

由算术运算符、操作数、圆括号等组成的式子被称为算术表达式。例如：

```
a * b / (c+1) + 32 % 5 - 10
```

这就是一个合法的算术表达式。不过要注意，在 C 语言中，表达式中的所有字符都是写在一行上，没有分式，也没有上下标，括号也只有圆括号一种，同时不允许省略乘号（*）。

x[y(a+b)(c-d)]

图 2.8　数学中的表达式

如图 2.8 所示，使用数学中的表达形式是错误的。需要写成如下这种形式，而且注意要用圆括号括起来。

```
x * (y *(a+b)*(c-d))
```

【实例 2.5】　演示使用几种不同的算术运算符来计算数据，并将结果打印到屏幕上。如示例代码 2.5 所示。

示例代码2.5　算术运算符使用演示

```
01  #include "stdio.h"                    /*包含系统头文件*/
02
03  int main(void)                        /*主函数*/
04  {
05      int a = 5;                        /*初始化变量*/
06      int b = -3;
07      int e = 0;
08      float c = 0;
09      float d = 2.5;
10      a = a / b;                        /* 除法运算符，结果值符号为负，因为b是负数 */
11      b = 3 + 7;                        /* 加法运算符 */
12      c = a * d;                        /* 乘法运算符 */
13      d = b - d;                        /* 减法运算符 */
14      e = b % 3;                        /* 取模运算符 */
15      printf("a = a/b,  a = %d\n", a);
16      printf("b = 3+7,  b = %d\n", b);
17      printf("c = a*d,  c = %f\n", c);
18      printf("d = b-d,  d = %f\n", d);
19      printf("e = b%%3,  e = %d\n", e);  /*注意其中的%% */
20      getch( );
21      return 0;
22  }
```

【代码解析】　代码第 10 ～ 14 行分别使用了几种不同的运算符，并将结果保存到相应措施的变量之中。代码第 19 行，在打印 % 号时，必须使用 %%% 才能打印。

【运行效果】　最后编译并执行程序，其结果如图 2.9 所示。

注意：所有的算术表达式都必须有两个操作数才合法。

2.6.2　赋值运算符

图 2.9　算术运算符使用输出结果

在程序设计中最常用到的是赋值运算符。C 语言中规定的赋值运算符为"="，其作用是将一个数据值赋给变量。在前面的示例中，大家已经接触过了。例如：

```
num = 100;
```

注意，虽然这个赋值符号"="看上去类似于数学中的"等于"符号（在C语言中"=="才是等于符号），但在这里其作用是把整型常量"100"赋值给变量"num"。如果变成这样，就是不合法的：

```
100 = num                              /*给整型常量进行了赋值，非法*/
```

同样也可以将一个表达式的值赋给变量，例如：

```
num = 100 * 5;                         /* 将100 * 5的结果赋值给变量num*/
```

这种由赋值运算符将一个变量和一个表达式连接起来的语句被称为赋值表达式。其主要格式是：

```
变量 = 表达式;
```

赋值表达式的计算过程如下所示：

① 计算右边表达式的值。

② 把右边计算出来的值，存放在左边的变量之中。

另外，在C语言中还对赋值运算符进行了一些扩展，这些扩展的运算符被称为复合运算符。其是在"="赋值符之前加上其他运算符，就构成了复合运算符。使用复合运算符可以简化程序，使程序看上去更加精练，提高代码编写的效率。表达式格式如下：

```
变量  运算符=表达式;
```

例如：

```
b += 4;                                /*等价于b=b+4*/
b -= 4;                                /*等价于b=b-4*/
```

以"b += 4"为例来说明，其相当于先使变量"b"加"4"，然后再重新赋值给变量"b"。同理，"b -= 4"是先使变量"b"减"4"，然后再赋值给变量"b"。为了便于记忆，读者也可以这样理解：

① a+=b，其中 a 为变量，而 b 为表达式。

② 把"a+"移动到"="的右侧，变成 =a+b。

③ 在"="的左边补上变量名，变成 a=a+b。

即变成如下格式：

变量 = 变量 运算符 表达式

如是表达式是由几个表达式组成的，则相当于其是有括号的。例如：

① a*=3*（2+3）。

② =a*（3*（2+3））。

③ a=a*（3*（2+3）），不要写成 a=a*3*（2+3）。

凡是只有两个操作数的运算符，都可以与赋值运算符组成复合运算符。在C语言中规定了如下所示两类共10种复合运算符。

① 算术运算：+=、-=、*=、/=、%=。

② 位运算：<<=、>>=、&=、^=、|=。

【实例 2.6】 演示使用赋值和复合运算符来操作变量，并打印结果到屏幕上显示出来，如示例代码 2.6 所示。

示例代码2.6 赋值和复合运算符使用演示

```
01 #include "stdio.h"                        /*包含系统头文件 */
02
```

```
03   int main(void)                                      /*主函数*/
04   {
05       int a = 10;                                      /*一般赋值表达式*/
06       int b = 100;
07       int c = 2;
08       a += b;                                          /*复合表达式*/
09       b -= c;
10       c *= 200;
11       printf("a = %d\n", a);                           /*打印各变量的值*/
12       printf("b = %d\n", b);
13       printf("c = %d\n", c);
14       getch( );                                        /*暂停，等待用户输入*/
15       return 0;
16   }                                                    /*主函数结束*/
```

【代码解析】 代码第 5 ～ 7 行是赋变量的初始值。第 8 行是使用
复合运算符，相当于 "a=a+b"，即 110。第 9 行同样是 "b=b-c"，即
98。第 10 行是 c=c*200，即 200。

【运行效果】 编译并执行程序后，结果如图 2.10 所示。

图 2.10　赋值和复合运算
符使用输出结果

2.6.3　用自增、自减运算符来进行运算

因为程序中常常会有对变量的值进行增加或者减少 "1" 这样的操作，所以在 C 语言中
特别增加了两个运算符 "++" 和 "--"，在 C 语言中分别被称为自增和自减运算符，运算符
"++" 的作用是使变量的值增加 "1"。有 2 种表达式如下：

```
a++;                                                 /*相当于a=a+1*/
++a;                                                 /*相当于a=a+1*/
```

"a++" 和 "++a" 的作用相当于 "a=a+1"，都是将 "a" 的值加 "1"，但也有些不同。后
缀的 "++" 运算符，"a++" 是先使用 "a" 的值，再执行 "a=a+1"。而前缀的 "++" 运算符，
"++a" 是先执行 "a=a+1"，然后使用 "a" 的值。如果使用另一个变量来存放运算结果，这
两种形式的不同就容易理解了。

例如：现在假定 a 的初值是 30。

```
int a=30;
int b=a++;
```

上面的语句是先将 "a" 的值 "30" 赋值给 "b"，然后 "a" 增加 "1"。最后的变量结果
是 "b" 的值为 "30"，而变量 "a" 的值为 "31"。如果把语句修改为：

```
int b=++a;
```

上面的语句是先将 "a" 增加 "1"，然后将 "a" 的新值 "31" 放在 "b" 中，最后的变
量结果变为，变量 "b" 的值为 "31"，而变量 "a" 的值仍为 "31"。

在这里，把 "++a" 念为 "a 先加" 而把 "a++" 念为 "a 后加"。好了，相信现在大家应
该明白 "++" 的作用了吧，其实另外一个运算符 "--" 正好和 "++" 的作用相反，其是将变
量的值减少 "1"。但运算过程是一样的，这里不再复述。

自增（++）和自减（--）运行符，只能用于变量，而不能用于常量或者表达式，如
"10++" 或者 "(a*c)++" 都是不合法的。因为 "10" 是常量，常量的值不能被改变。而 "(a*c)
++" 是一个表达式，相加之后的结果没有变量可供存放。

【实例2.7】 演示使用自增和自减运算符来操作变量，并打印结果到屏幕上显示出来，如示例代码2.7所示。

示例代码2.7　演示使用自增与自减运算符

```
01  #include "stdio.h"                    /*包含系统头文件*/
02
03  int main(void)                        /*主函数*/
04  {
05      int a = 10;                       /*赋变量初始值*/
06      printf("a = %d\n", a++);          /*后缀自增，先使用a，再增加值*/
07      printf("a = %d\n", a);            /*输出现在a的值*/
08      printf("a = %d\n", -a);           /*前缀自减，先减少值，再使用*/
09      printf("a = %d\n", a);            /*输出现在a的值*/
10      getch( );
11      return 0;
12  }                                     /*主函数结束*/
```

【代码解析】 代码第6行，在打印函数中，使用了后缀的自增运算符，所以是先使用，后增加变量a的数值。代码第8行，使用了前缀自减运算符，所以是先减少值，再使用。代码第7和第9行，是打印当前变量的值，其结果也证实了这两个事实。

【运行效果】 编译并执行程序后，结果如图2.11所示。

注意：因为前缀和后缀形式的自增或者自减运算符其执行的先后顺序不同，所以在使用时一定要注意采用哪种形式合适，否则会导致程序出现意想不到的结果。

图2.11　自增和自减运算符使用输出结果

2.6.4　逗号运算符

这是C语言中一个比较边缘化的做法，为了代码的可读性，我们一般不建议读者使用。但读者阅读一些古老的代码的时候，难免碰到，这里也专门介绍一下。

逗号运算符，是C语言所特有的一种运算符，用"，"来表示，作用是把多个表达式连接起来。例如：

a*10, b/2

上面这个就是一个由逗号运算符所组成的逗号表达式。一般逗号表达式在for语句中常常会使用到，这里只是对其使用进行说明。逗号表达式的一般形式是：

表达式1,表达式2

逗号表达式的运算过程是从左到右的，先求表达式1的值，再求表达式2。整个表达式的值是表达式2的值。

【实例2.8】 求解"a=a*10, a+12"这个逗号表达式的值，变量"a"的初值是"2"，并打印结果到屏幕上，如示例代码2.8所示。

示例代码2.8　求逗号表达式的值

```
01  #include <stdio.h>                    /*包含头文件*/
02
03  int main(void)                        /*主函数*/
04  {
```

```
05      int a = 2;                              /*给变量a赋初值*/
06      a = (a*10,a+12);                        /*逗号表达式*/
07      printf("a = %d\n", a);                  /*打印变量a的值*/
08      getch( );
09      return 0;                               /*返回调用*/
10  }                                           /*主函数结束*/
```

【代码解析】 代码第 6 行就是求逗号表达式的值，先是求表达式 "a*10" 的值 "20"，然后再求表达式 "a+12" 的值 "14"，并把 "14" 这个值赋值给变量 a。

【运行效果】 编译并执行程序后，结果如图 2.12 所示。

```
a = 14
```

图 2.12 求逗号表达式的值输出结果

2.6.5 使用sizeof运算符求变量占用的空间大小

sizeof 运算符是 C 语言中一种比较特别的运算符，由几个字母组合或者加上圆括号 "( )" 组合而成，其作用是得到指定数据类型或者表达式所占用的存储空间大小，单位是字节。一般形式是：

sizeof 数据类型或者表达式

但大家常常在使用时，采用另一种加圆括号形式来表示，格式如下：

sizeof（数据类型或者表达式）

① 用于计算数据类型时，可以使用：

sizeof(数据类型)

在计算数据类型时，必须用圆括号括住。例如，sizeof（int）、sizeof（float）。

② 用于计算变量所占用的存储空间大小时，可以使用：

sizeof(变量名)

sizeof 变量名

其中，变量名可以不用圆括号括住。但带圆括号的用法更普遍，大多数程序员采用这种形式。sizeof 操作符的运算结果类型是 unsigned int 类型。

在 C 语言中规定不同数据类型的字节长度如下所示：

① 计算对象的类型为 char、unsigned char 或 signed char，其结果等于 1。

② 计算对象的类型为 int、unsigned int 、short int、unsigned short 、long int 、unsigned long 、float、double、long double 类型的 sizeof 计算时，其大小依赖于电脑系统。

③ 计算对象是指针时，32 位电脑上，sizeof 一般是 4。

④ 计算对象是数组类型时，其结果是数组的总字节数。

⑤ 计算对象是联合类型操作数的 sizeof，其结果是这种类型最大字节成员的字节数；计算对象是结构类型操作数的 sizeof，其结果是这种类型对象的总字节数。

⑥ 计算对象是函数中的数组形参或函数类型的形参，sizeof 给出其指针的大小。

【实例 2.9】 使用 sizeof 运算符求解 char、int、float 及 double 型数据类型及变量的大小，并打印出结果到屏幕上，如示例代码 2.9 所示。

示例代码2.9　使用sizeof运算符

```
01 #include <stdio.h>                           /*包含头文件*/
02
03 int main(void)                               /*主函数*/
04 {
```

```
05      int a = 10;                           /*初始化各变量*/
06      float f = 2.5;
07      char c = '*';
08      double b = 4.234;
                /*打印各变量占用内存大小*/
09      printf("sizeof(c): %d sizeof(a): %d\n", sizeof(c),sizeof(a));
10      printf("sizeof f: %d sizeof b: %d\n", sizeof f, sizeof b);
                /*打印不同数据类型占用内存大小*/
11      printf("sizeof(char): %d sizeof(int): %d \n", sizeof(char),sizeof(int));
12      printf("sizeof(float): %d sizeof(double): %d\n", sizeof(float), sizeof(double));
13      getch( );                             /*暂停*/
14      return 0;
15  }                                         /*主函数结束*/
```

【代码解析】 代码第 9 ～ 12 行在打印函数中，使用 sizeof 运算符来计算不同数据类型及变量所占用的内存大小，然后进行打印显示。

```
sizeof(c): 1 sizeof(a): 2
sizeof f: 4 sizeof b: 8
sizeof(char): 1 sizeof(int): 2
sizeof(float): 4 sizeof(double): 8
```

图2.13　使用sizeof运算符输出结果

【运行效果】 编译并执行程序后，结果如图 2.13 所示。

注意：sizeof 操作符不能用于函数类型、不完全类型或位字段。不完全类型指具有未知存储大小的数据类型，如未知存储大小的数组类型、未知内容的结构或联合类型、void 类型等。

2.6.6 使用关系运算符完成条件的选择

关系运算符是逻辑运算中的简单形式，所以关系运算又被称为"比较运算"。关系运算符与数学的比较运算符的运算方法相同，但其表达的格式不同。C 语言提供了 6 种关系运算符，如表 2.11 所示。

表 2.11　关系运算符

运算符	说明	例子
<	小于	a<10
<=	小于等于	a<=10
>	大于	b>10
>=	大于等于	b>=200
==	等于	a==b
!=	不等于	a!=b

用关系运算符将两个表达式连接起来的式子，称为关系表达式，例如：

```
a>b                    /*a大于b*/
a+b<b+c                /*a+b小于b+c*/
(a=30)<(b=50)          /*变量a的值30<变量b的值50*/
b==a                   /*变量b和变量a相等*/
```

所有关系表达式的值是一个逻辑值，即"真"或者"假"。例如：关系表达式"5==3"的值为"假"，而"5>3"的值为"真"。由于 C 语言中没有逻辑型数据类型，所以都是以"1"代表"真"，以"0"代表"假"。

【实例 2.10】 利用 6 种关系运算符来比较"a"和"b"两个变量的值，并将结果打印出来，如示例代码 2.10 所示。

示例代码2.10　利用关系运算符来比较两个数的大小

```
01  #include <stdio.h>                        /*包含系统头文件*/
02
03  int main(void)                            /*主函数*/
04  {
05      int a = 10;                           /*初始化变量*/
06      int b = 20;
07      printf("a >  b : %d\n", a>b);         /*大于比较*/
08      printf("a <  b : %d\n", a<b);         /*小于比较*/
09      printf("a >= b : %d\n", (a>=b));      /*大于等于比较*/
10      printf("a <= b : %d\n", (a<=b));      /*小于等于比较*/
11      printf("a == b : %d\n", (a==b));      /*等于比较*/
12      printf("a != b : %d\n", (a!=b));      /*不等于比较*/
13      getch( );                             /*暂停*/
14      return 0;
15  }                                         /*函数结束*/
```

【代码解析】 代码第 7 ~ 12 行就是利用 6 个关系运算符来比较 a 和 b 的大小，并将结果打印出来。

【运行效果】 编译后执行程序，其结果如图 2.14 所示。

注意：关系运算符"=="才表示等于，而不是"="。

图2.14　关系运算符比较输出结果

2.6.7　注意运算符的优先级和括号

如果表达式中相同运算符有一个以上，则可以从左至右或从右至左地进行计算。这种次序被称为结合性。例如："+""−""*""/"的结合性都为右结合。

多个运算符在一个表达式中，优先级高的先做运算，优先级低的后做运算，优先级相同的由结合性决定计算顺序。C 语言中的优先级和结合性如表 2.12 所示。

表2.12　C语言中常用运算符的优先级和结合性的详细说明

优先级	运算符	功能说明	结合性
1	()	改变优先级	左结合
	[]	数组下标	
	.,->	成员选择符	
	::	作用域运算符	
	.*,->*	成员指针选择符	
2	!	逻辑求反	右结合
	~	按位求反	
	++,−−	增1，减1运算符	
	−	负数	

续表

优先级	运算符	功能说明	结合性
2	+	正数	右结合
	*	取内容	
	&	取地址	
	sizeof	取所占内存字节数	
3	*	乘法	
	/	除法	
	%	取余	
4	+	加法	
	-	减法	
5	<<	左移位	
	>>	右移位	
6	<	小于	
	<=	小于等于	
	>	大于	
	>=	大于等于	
7	==	等于	
	!=	不等于	
8	&	按位与	
9	^	按位异或	
10	|	按位或	
11	&&	逻辑与	
12	||	逻辑或	右结合
13	?:	三目运算符	
14	= += -= *= /= %= &= ^= |= <<= >>=	赋值运算符	
15	,	逗号运算符	

【实例 2.11】 使用算术和关系运算符及圆括号，来演示运算符号的优先级和结合性。其如示例代码 2.11 所示。

示例代码2.11　优先级和结合性演示

```
01  #include "stdio.h"                              /*包含系统头文件*/
02
03  int main(void)                                  /*主函数*/
04  {
05       int a = 0;                                 /*初始化变量*/
06       int b = 5;
07       int c = 0;
08       float f = 0;
09       a = b * 3 + b>6;                           /*多符号运算,先乘除后加减*/
10       c = b * 3 + (b>6);                         /*关系运算符使用*/
11       f = 110 - b * 2.6 - a;
12       printf("a = %d c = %d f = %f\n", a, c, f);
13       getch( );
14       return 0;
15  }                                               /*主函数完*/
```

【代码解析】　代码第 9 行，由于关系运算符的优先级比较低，根据优先级原则是先乘除后加减，最后进行关系比较。先计算 b*3 的值（15），然后加上 5（20）再与 6 进行比较，得到结果为真，即值为 1，所以最后 a 的值为 1。代码第 10 行，由于给表达式 b>6 增加了圆括号，所以优先级变高，顺序变成了先计算 b>6 的结果（0），然后再计算 b*3 的值（15），最后相加并赋值给 c，所以最后 c 的值是 15。

`a = 1 c = 15 f = 96.000000`

图2.15　优先级和结合性演示
输出结果

【运行效果】　编译并执行程序后，其结果如图 2.15 所示。

技巧：在 C 语言中，圆括号的优先级高，在记不清楚运算符优先级时，可以把表达式直接用圆括号括起来使用。这也是程序代码可读性的要求。

2.7　数据类型的转换

在程序中操作数据类型时，可能会发生数据类型的转换。这种转换分成两种：隐式自动转换和显式强制转换。其实，这样做背后的原理是，同一片内存空间，既可以用来存储这种数据，也可以用来存储另外一种数据。最开始的定义是类型 A，当你强行把它看作类型 B 的时候，当然就有所不同了。本小节内容较为抽象，读者第一遍阅读的时候，可以跳过。

2.7.1　隐式自动转换

如果在一个算术表达式中，有各种不同的类型（整型、浮点型、双精度型和字符型）的数据在一起进行混合运算时，电脑会自动先将这些数据转换成同一类型，然后进行运算。这种自动的转换被称为隐式自动转换。

数据类型转换的规则总是由低类型到高类型，如图 2.16 所示。

在图 2.16 中，纵向的箭头表示这两种数据类型进行运算时必须转换。例如：int 与 short

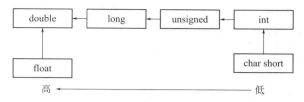

图2.16　数据类型转换规则

型进行运算时，表示数的大小相似，但也要进行转换才能进行运算，结果是 int 型的。而横向的箭头表示当这两种数据类型进行运算时，低的就要向高的转换后才能进行运算。例如：int 型与 long 型，因为占用空间低的向占用空间高的类型转换后，才能保证最后结果数据的正确性。不过读者也不需要在意，此处所讲的这些转换都是由电脑编译程序自动完成的。

除此以外，前面说到的赋值运算也会导致一种自动的数据类型转换。即当赋值运算符两边的运算数据类型不同时，赋值运算符会把右侧表达的类型转换为左侧变量的数据类型。其转换规则有以下 5 种。

（1）int 型与 float 型的转换

当赋值运算符的左侧变量是 int 型，右侧表达式结果是 float 型时，会自动舍弃 float 型数据的小数部分。而如果左侧变量是 float 型，右侧表达式结果是 int 型时，表达式的结果值不会变，但形式会变成浮点型。

【实例 2.12】 将 int 型与 float 型变量进行互转，并将各变量的结果值打印到屏幕上显示出来，如示例代码 2.12 所示。

示例代码2.12　int型与float型变量的互转

```
01 #include "stdio.h"                    /*包含系统函数声明头文件*/
02
03 int main(void)                        /*主函数*/
04 {
05     int a = 10;                       /*变量赋初始值*/
06     int b = 88;
07     float f = 123.456;
08     a = f;                            /*发生float型转int型*/
09     f = b;                            /*发生int型转float型*/
10     printf("a = %d f = %f\n", a, f);  /*打印结果*/
11     getch( );
12     return 0;
13 }                                     /*函数结束*/
```

【代码解析】 代码第 8 行是电脑自动将 float 型转换到 int 型，变量 f 的数据被舍去小数部分保存到变量 a 中，即 123。代码第 9 行，电脑自动将 int 型转换成 float 型形式，并将数据保存到变量 f 中，即 88.0。

【运行效果】 编译程序并执行，其结果如图 2.17 所示。

（2）char 型与 int 型的转换

当赋值运算符的左侧变量是 char 型，右侧表达式结果是 int 型（占用 2 字节）时，会自动舍弃 int 型数据的高字节，只保

图2.17　int 型与 float 型变量的互转输出结果

舍去高字节

在内存中257
占用2字节

| 00000001 | 00000001 |

保留低字节

数据值是1,而且前面
无符号,所以表示1

| 00000001 |

因为是char型有符号位,该位是0表示
是正数,所示数字有效位数是7位

图2.18 内存中char型与int型的转换过程

留低字节。而如果左侧是 int 型,右侧表达式是 char 型,一般的编译程序会将大于 127 的值变成负值,小于 127 的值转换为正值。例如:要把整型数据 511 转换到 char 型数据,其过程如图 2.18 所示。

【实例 2.13】 将 int 型与 char 型变量进行互转,并将各变量的结果值打印到屏幕上显示出来,如示例代码 2.13 所示。

示例代码2.13 int型与char型变量的互转

```
01 #include "stdio.h"                       /*包含系统函数声明头文件*/
02
03 int main(void)                           /*主函数*/
04 {
05     int a      = 257;                     /*初始化变量*/
06     int b      = 0;
07     char c     = 127;
08     b = c;                                /*char型转int型*/
09     c = a;                                /*int型转char型*/
10     printf("b = %d c= %d\n", b, c);       /*打印结果*/
11     getch( );
12     return 0;
13 }
```

【代码解析】 代码第 8 行,是自动将 char 型变量 c 的数据转换成 int 型,并存放在变量 b 中,数值不变,即 127。代码第 9 行,是自动将 int 型变量 a 的数据转换为 char 型,并只取低字节保存到 char 型变量 c 中,同时由于这个值小于 127,所以其数值就变成 1。

【运行效果】 编译程序并执行,其结果如图 2.19 所示。

b = 127 c= 1

图2.19 int型与char型变量的互转输出结果

(3) int 型与 long 型的转换

当赋值运算符的左侧变量是 int 型,右侧表达式结果是 long 型(占用 4 字节)时,电脑会自动将数据中的低位 2 个字节赋值给 int 型变量。而如果左侧变量是 long 型,右侧表达式结果是 int 型时,表达式的结果值不会变,但形式会变成 long 型。

【实例 2.14】 将 int 型与 long 型变量进行互转,并将各变量的结果值打印到屏幕上显示出来,如示例代码 2.14 所示。

示例代码2.14 int型与long型变量的互转

```
01 #include "stdio.h"                       /*包含系统函数头文件*/
02
03 int main(void)                           /*主函数*/
04 {
05     int a = 0;                            /*初始化变量*/
06     int b = 30000;
```

```
07      long l = 100000;
08      a = l;                                    /*long 型转换到int型*/
09      l = b;                                    /*int型转换到long型*/
10      printf("a = %d  l = %ld\n", a, l);
11      getch( );
12      return 0;
13 }                                              /* 主函数结束 */
```

【代码解析】 代码第 8 行，是 long 变量 l 的数据转换到 int 型被保留低 2 字节变成 34462，又因为其大于 32768，所以就变成负数（最高位是代表符号），即 -31072。代码第 9 行是将 int 型 b 的数据转换成 long 型，直接赋值即可，所以还是 30000。

【运行效果】 编译程序并执行，其结果如图 2.20 所示。

（4）float 型与 double 型的转换

当赋值运算符的左侧变量是 float 型，右侧表达式结果是 double 型时，自动将数据截断尾数来实现，截断是采用四舍五入进行操作的。而当左侧变量是 double 型，右侧表达式结果是 float 型时，只在尾部加 0 延长数据值进行赋值。

【实例 2.15】 将 float 型与 double 型变量进行互转，并将各变量的结果值打印到屏幕上显示出来，如示例代码 2.15 所示。

示例代码2.15 float型与double型变量的互转

```
01 #include "stdio.h"                            /* 包含系统函数头文件 */
02
03 int main(void)                                /* 主函数 */
04 {
05      float f1 = 0;                            / 初始化变量 */
06      float f2 = 123.459;
07      double db = 100.200888;
08      f1 = db;                                 /*double型转float型*/
09      db = f2;                                 /*float型转double型*/
10      printf("f1 = %f  db = %f\n", f1, db);
11      getch( );                                /* 暂停 */
12      return 0;                                /* 返回 */
13 }
```

【代码解析】 代码第 8 行是将 double 型变量 db 的数据转换成 float 型并存放到变量 f1 中，根据转换规则，其被四舍五入地截去尾数，变成 100.200890。代码第 9 行是将 float 型变量 f2 的数据转换成 double 型并赋值给变量 db，根据转换规则就是直接赋值，并在尾部增加 0 延长数据值。

【运行效果】 编译程序并执行，其结果如图 2.21 所示。

```
a = -31072  l = 30000
```
```
f1 = 100.200890  db = 123.459000
```

图 2.20 int 型与 long 型变量的互转输出结果　　图 2.21 float 型与 double 型变量的互转输出结果

（5）unsigned 与有符号型数据的转换

当赋值运算符的左侧变量是 unsigned 型，右侧表达式结果是有符号型时，原值不变，直接赋值即可，但其表示的数据就变成了总是无符号的。当赋值运算符的左侧变量是有符号

型，右侧表达式结果是 unsigned 型时，当数据值大于有符号数能够保存的最大正数值时，就
会变成负值；不大于则不变。

2.7.2 显式强制转换

C 语言的隐式自动转换类型可能会使大家觉得太随意。因为不管表达式的值是如何的，
系统都会自动将其转换为赋值运算符左边的变量类型，而转变后的数据还有可能不同。在不
加注意时就可能带来错误。所以在编写程序时，应当采用显式强制转换。

显式强制转换是在一个表达式前加一个强制转换类型的运算符，将表达式的类型强制转
换为所指定的类型。其具体格式如下：

（数据类型）（表达式）

表示将"表达式"的类型强制转换为圆括号中所指定的"数据类型"的类型。这里，
例如：

```
b = (int)( f+1);
c = (char)(b*2);
```

如果这里的变量 f 是 float 型的变量，那么表达式 f+1 的值仍然是 float 的，通过强制转后，
表达式值的类型转换成为 int 型。其转换规则同隐式自动转换。

注意：这种强制转换并不能改变原来表达式中变量的数据类型，只能改变表达式值的数
据类型。

第3章
使用顺序结构编写程序

和其他高级语言一样，C语言编写的代码也是用来向电脑系统发出操作指令的。这就好像练队列操时的"向左转""向右转""稍息""立正"等一系列口令（即命令）。有了这些口令大家才能走出整齐的队列。一条基本语句经过编译后，一般产生几条机器指令。为实现特定功能的程序一般又包含若干条基本语句。顺序结构是程序设计中一种基本的程序结构，其设计简单、流程明确。程序从主函数"main（ ）"的第一条语句开始，然后一条一条语句顺序执行，直至主函数结束。这就是顺序结构设计方法。

3.1 语句与表达式

3.1.1 CPU指令是如何变身汇编语言的

CPU只能识别机器指令，机器指令是什么样子呢？是一串一串的二进制数字，比如，11001011表示把两个寄存器中的数字相加然后存储到第一个寄存器中。

假设某CPU的机器指令都是8位的，那么就可以有2的8次方——256种指令，分别表示不同的CPU功能，有加法，有减法，有乘法；有数据从内存导入寄存器，数据从寄存器写到某个地址的内存中；还有跳转到某个地址，从这里开始导入代码执行……

可是1001101这种二进制指令，记忆起来太麻烦了，于是人们发明了用简单的单词记忆的办法，比如Add、Move、Jump等等分别对应一个二进制指令。

这样，我们看到"Add R1，R2;"，就明白意思，就是把R1和R2两个寄存器中的数相加，然后存储在 R1 中。可是，这样的汇编指令还是怪怪的，基本上是面向机器的语法特点，普通人理解起来有点吃力，前面我们说了，C 语言等程序设计语言的发明，就是来解决这个问题的。所以，我们有了 "x=x+y；" 这样的语句，那就是把 x 和 y 两个变量中存储的数相加，然后把结果继续存储在变量 x 中。实际可能是好几句汇编代码：

```
Move R1,x;
Move R2,y;
Add R1,R2;
Move x,R1;
```

你看，一句 x=x+y，CPU 要有好几条指令，而且 x=x+y，简单好记。编写这样的程序代码，又简单又高效，可读性更高，而且，拿到另外一个 CPU 上面运行，用另外一个 CPU 的编译器再编译一遍就可以了，这就是所谓的可移植性更高。综合起来，当然人们更愿意选择使用 C 语言编写程序，而不是选用汇编语言了。

所以，今天就是编写操作系统等底层应用的时候，除了个别 C 函数中嵌入更加高效的汇编指令，人们都用 C 语言来实现。下面我们开始正式理解 C 语言中的语句的概念。

3.1.2　表达式语句与空语句

在一个 C 语言程序中有许多表达式，例如：有由算术运算符组成的算术表达式，也有由赋值运算符组成的赋值表达式，还有由关系运算符组成的关系运算表达式等。

```
x=x+3                                    /*算术表达式*/
a=10, 30                                 /*逗号表达式*/
y=3                                      /*赋值表达式*/
a++                                      /*自增表达式*/
sizeof(int)                             /*sizeof 表达式*/
```

以上这些都是表达式，在前面章节中大家都已经接触过。不过要特别注意表达式与表达式语句的不同之处，请记住 C 语言中任意一个表达式必须加上一个分号（；）才能成为一个表达式语句。如下这些才是真正的表达式语句，而不是表达式。

```
x=x+3;                                   /*算术表达式语句*/
a=10, 30;                                /*逗号表达式语句*/
y=3;                                     /*赋值表达式语句*/
a++;                                     /*自增表达式语句*/
sizeof(int);                            /*sizeof语句表达式*/
```

在表达式语句中，还有一种特殊的语句，被称为空语句。其是指只有一个分号（；）而不包含表达式的语句。空语句是一种不做任何操作的语句。该语句主要用在一些需要一条语句，但又不做任何操作的地方。例如，有的循环语句的循环体（例子将在第 5 章看到）。

3.1.3　复合语句

顾名思义，复合语句就是由两条或者两条以上的语句组成，并由一对花括号（{}）包含起来的语句。但在语法意义上其相当于一条语句，所以其又被称为块语句。含有一条或者多条说明的复合语句称为分程序，也叫块结构。

【实例 3.1】　示例代码 3.1 就是一个复合语句组成的分程序。

示例代码3.1　分程序示例

```
{                               /*块语句开始*/
    int i = 1;
    int n = 3;
    n=i+n;
    printf("n=%d\n", n);
}                               /*块语句结束*/
```

3.2　控制屏幕打印

由于 C 语言本身不提供输入和输出语句，所有的输入与输出都是依靠系统函数来实现的。这些输入和输出函数的声明头文件是"stdio.h"，在编写代码时要注意加入。前面章节的示例中，大家已经接触过调用输出函数来输出数据到屏幕上，但并没有对其进行详细介绍。现在就请大家来看一看 C 语言程序中是如何进行屏幕输出的处理的。

3.2.1　使用putchar( )输出字符

putchar（ ）函数的作用是直接把一个字符输出到屏幕上显示出来。其函数原型如下：

```
void putchar(char c);
```

其中，void 表示这是没有返回值的函数（将在函数一章中介绍），而"（ ）"中的"char c"表示输入参数是 char 型的。

【实例 3.2】　使用 putchar（ ）函数输出字符到屏幕上，如示例代码 3.2 所示。

示例代码3.2　使用putchar( )函数

```
01 #include "stdio.h"                     /*包含系统函数头文件*/
02
03 int main( )                            /*主函数*/
04 {
05     char h = 'h';                      /*定义字符变量h*/
06     char i = 'i';                      /*定义字符变量i*/
07     putchar(h);                        /*打印字符变量h的值*/
08     putchar(i);                        /*打印字符变量i的值*/
09     putchar('!');                      /*打印字符'!'*/
10     putchar('\n');                     /*打印回车换行*/
11         getch( );                      /*暂停*/
12         return 0;                      /*返回*/
13 }                                      /*主函数完*/
```

【代码解析】　代码第 7 ~ 10 行分别调用 putchar（ ）函数，来打印相应的字符型变量或者常量的数值所代表的字符。注意这些值一定必须都是字符型的才能打印。

【运行效果】　编译并执行程序，其结果如图 3.1 所示。

图 3.1　putchar( )函数
示例输出结果

3.2.2 格式化输出函数 printf( )

printf（ ）函数是标准库函数之一，作用是格式化指定字符串输出到屏幕上。其函数原型如下：

```
void printf(格式字符串,参数1,参数2,…,参数n);
```

其中，格式字符串是指定输出的格式，是一个字符串结构。其中又由格式控制字和普通字符串所组成。而参数 1～参数 n 所组成的一个参数表用于指定格式字符串中格式控制字所代表的数据表示方式。格式控制字与数据表示的关系如表 3.1 所示。

表3.1 格式控制字与数据关系

格式控制字	说明	格式控制字	说明
%c	单个字符	%s	字符串
%d	十进制整数	%u	无符号十进制整数
%f	十进制浮点数	%x	十六进制数
%o	八进制数	%%	输出百分号

【实例 3.3】 使用 7 种常用的格式控制字来输出整型数值"100"、浮点数值 3.5 和字符串"hello"到屏幕上，如示例代码 3.3 所示。

示例代码3.3 使用7种常用的格式控制字输出字符串

```
01 #include "stdio.h"                              /*包含系统函数头文件*/
02
03 int main( )                                     /*主函数*/
04 {
05     int num = 100;                              /*定义整型变量num*/
06     float f = 3.5;                              /*定义浮点型变量f*/
07     printf("print num %%c : %c\n", num);        /*把num的值输出为字符,应用了%%输出%号
                                                    */
08     printf("print num %%d : %d\n", num);        /*把num的值输出十进制整数*/
09     printf("print f  %%f : %f\n",  f);          /*把f的值输出十进制浮点数*/
10     printf("print str %%s : %s\n", "hello");    /*输出字符串常量*/
11     printf("print num %%u : %u\n", num);        /*把num的值输出为无符号数*/
12     printf("print num %%x : %x\n", num);        /*把num的值输出为十六进制数*/
13     getch( );                                   /*暂停*/
14     return 0;                                   /*返回*/
15 }                                               /*主函数完*/
```

【代码解析】 代码第 7 行是应用了"%%"输出一个"%"号，而"%c"输出变量 num 的值 100 所代表的字符"d"。代码第 8～12 行分别使用了"%d""%f""%s""%u"及"%x"5 种不同的格式控制字来输出变量中不同的数据表示。

【运行效果】 编译并执行程序，其结果如图 3.2 所示。

除此以外，还可以在每个格式控制字前面增加修饰符，用来指定显示宽度、小数尾数及左对齐等，这样打印到屏幕

```
print num %c : d
print num %d : 100
print f   %f : 3.500000
print str %s : hello
print num %u : 100
print num %x : 64
```

图3.2 7种常用格式控制字输出
字符串结果

上的字符串就可以根据需要进行输出显示。增加的修饰符如表 3.2 所示。其中，域宽是一个整数，设置了打印一个格式化字符串的最小域。

表3.2　格式控制字修饰符

格式控制修饰符	说明
-	左对齐
+	在一个带符号数前加 "+" 或 "-" 号
0	域宽用前导零来填充，而不是用空白符
0n	0后面有d的话，用0来填充前面，直到n个位置
.n	保留小数后n个有效数字

【实例 3.4】　在 print（）函数的格式字符串中，对格式控制字增加修饰符，来打印整数"100"和浮点数"5.5578"，如示例代码 3.4 所示。

示例代码3.4　给格式控制字增加修饰符

```
01  #include "stdio.h"                            /*包含系统函数头文件*/
02
03  int main( )                                   /*主函数*/
04  {
05      int num = 100;                            /*定义整型变量num*/
06      float f = 5.5578;                         /*定义浮点型变量f*/
07      printf("num = %-d\n",  num);              /*增加左对齐修饰符*/
08      printf("num = %+d\n",  num);              /*增加带符号修饰符*/
09      printf("num = %0d\n",  num);              /*增加0在前面填充,*/
10      printf("num = %08d\n", num);              /*在数的前面填充0，直到字符满8位*/
11      printf("f = %.3f\n",  f);                 /*保留小数后3个数字，四舍五入*/
12      getch( );                                 /*暂停*/
13      return 0;                                 /*返回*/
14  }                                             /*主函数完*/
```

【代码解析】　代码第 7 ～ 11 行，就是对格式控制字增加格式修饰符。

【运行效果】　编译并执行程序，其结果如图 3.3 所示。

```
num = 100
num = +100
num = +100
num = 00000100
f   = 5.558
```

图3.3　格式控制字增加修饰符后的输出结果

注意：格式修饰符可以多个同时使用，例如："%+08d"这样的编写也是有效的。

3.2.3　标准错误流

标准错误输出是 C 语言中另一种输出流，典型用于程序输出错误消息或诊断。其独立于标准输出流且可以分别导向，通常目的地为终端，即屏幕显示。在 stdio.h 头文件中，stderr 代表标准错误流输出。由于本书是介绍 C 语言程序开发的入门教程，故此处不做详细讲解。

3.3 读取键盘输入

3.3.1 用getchar( )函数输入字符

输入函数中，最简单的函数就是 getchar（ ）函数，其作用是等待用户的输入，读取字符的数值，并显示相应的字符到屏幕上。在用户按下回车键以后才返回相应的第一个输入字符的数值到调用函数。该函数的原型声明如下所示：

```
int getchar(void)
```

其中，函数名前的 int 表示函数的返回值是 int 型的数值，"（ ）"中的 void 表示没有输入参数。

【实例 3.5】 使用 getchar（ ）函数得到用户输入的字符，并打印该字符及其对应的 ASCII 码值，如示例代码 3.5 所示。

示例代码3.5 使用getchar( )函数

```
01  #include "stdio.h"                          /*包含系统函数头文件*/
02
03  int main( )                                 /*主函数*/
04  {
05      char c;                                 /*声明字符型变量char*/
06      printf("please input char : ");         /*提示用户输入字符*/
07      c = getchar( );                         /*得到用户输入的字符显示出来并等待回车*/
08      printf("input char is %c : value %d\n", c, c);
09      getch( );                               /*暂停*/
10      return 0;                               /*返回*/
11  }                                           /*主函数完*/
```

【代码解析】 代码第 7 行，是调用 getchar（ ）函数得到用户输入的字符。在这个示例中，当用户输入"ABC"字符串，并按下回车后，getchar（ ）函数就只把"A"的这个 ASCII 码值 65 保存到字符变量 c 中，其他两个字符并不理会。从结果图中也可以得到印证。代码第 8 行，是把字符变量 c 的值进行字符（%c）和数值（%d）输出。

【运行效果】 编译并执行程序后，其结果如图 3.4 所示。

注意：getchar（ ）函数就算用户输入了一个字符串，其也只取其中的第一个字符。

```
please input char : ABC
input char is A : value 65
```

图3.4 getchar( )函数示例输出结果

3.3.2 用getch( )和getche( )函数输入

getch（ ）函数相信读者朋友们已经不陌生了，因为其在前面的很多地方笔者都已经使用过了。不过在使用的时候，并没有将这个函数的返回值进行保留，而是当作暂停在使用（原因将在后面说明）。该函数的原型如下：

```
int getch(void)
```

其函数结构与前面的 getchar（ ）函数一样，就不再详细说明了。getch（ ）的作用是从键盘只接收一个字符，而且并不把这个字符显示出来，也不用按下回车键就返回到调用函数。

换句话说，当用户按了一个键后，其并不在屏幕上显示用户按的是什么，就继续运行函数后面的代码；而在用户不按任意键时，就一直等待用户输入（这也是能够当暂停用的原因）。

【**实例 3.6**】　使用 getch（）函数得到用户输入的字符，并打印该字符及对应的数值，如示例代码 3.6 所示。

示例代码3.6　使用getch( )函数

```
01 #include "stdio.h"                         /*包含系统函数头文件*/
02
03 int main( )                                /*主函数*/
04 {
05     char c;                                /*声明变量c*/
06     printf("please input char : ");
07     c = getch( );                          /*得到用户输入的字符，不显示出来也不回车*/
08     printf("input char is %c : value %d\n", c, c);
09        getch( );                           /*暂停*/
10        return 0;                           /*返回*/
11 }/*主函数完*/
```

【**代码解析**】　代码第 7 行是调用 getch（）函数，得到用户输入的一个字符并保存到变量 c 中，但不显示出来。代码第 9 行，正是由于其不显示的特性，被当作暂停使用。

【**运行效果**】　编译并执行程序后，结果如图 3.5 所示。

从图 3.5 中也可以看到，当用户输入 B 以后，并没有回车换行，而是直接在上次打印的字符串后面增加下一句打印字符。

getche（）函数与 getch（）函数作用相同，也是从键盘只接收一个字符，也不用按下回车键就返回到调用函数，但这个字符会被显示出来。

【**实例 3.7**】　使用 getche（）函数得到用户输入的字符，并打印该字符及对应的数值，如示例代码 3.7 所示。

示例代码3.7　使用getche( )函数

```
01 #include "stdio.h"                         /*包含系统函数头文件*/
02
03 int main( )                                /*主函数*/
04 {
05     char c;                                /*定义变量*/
06     printf("please input char : ");
07     c = getche( );                         /*得到用户输入的字符，要显示但不用回车*/
08     printf("input char is %c : value %d\n", c, c);
09     getch( );                              /*暂停*/
10     return 0;                              /*返回*/
11 }                                          /*主函数完*/
```

【**代码解析**】　代码第 7 行是调用 getche（）函数，得到用户输入的字符并显示出来，然后赋值给变量 c，继续后面的代码。第 8 行是打印该输入字符和字符数值。

【**运行效果**】　编译并执行程序后，结果如图 3.6 所示。

```
please input char : input char is B : value 66        please input char : Ainput char is A : value 65
```

图3.5　getch( )函数示例输出结果　　　　　　　　图3.6　getche( )函数示例输出结果

从图 3.6 中可以看到，当用户输入 "A" 以后，这个字符 "A" 是被显示出来的，然后程序又在这个字符之后打印 "input …" 字符串。

注意：getch（ ）和 getche（ ）函数只接受一个字符，而且不需要输入回车。

3.3.3　格式化输入函数 scanf( )

前面所说的输入函数，都只能接受一个字符。那有没有能够接收多个字符或者数据的函数呢？当然是有的。这就是 scanf（ ）函数。scanf（ ）函数是一个标准库函数，能够同时接收多个不同数据类型的数据，并分别保存到相应的变量或者数组之中。其函数原型如下：

scanf（格式控制字符串,＆参数1,＆参数2,…,＆参数n）;

其中，格式控制字符串与前面很多程序中用到的 printf（ ）函数类似。但要注意其不能显示非格式字符串，也就是说不能显示提示字符串，需要 printf（ ）函数加以合作才能进行互动。

这里的参数也是由地址运算符 "&" 后跟变量名组成的。这里所说的地址就是编译系统在内存中给变量分配的存储空间的地址（将在第 9 章详细介绍）。

scanf（ ）函数在本质上就是给变量进行赋值操作，但其要求必须写变量的地址，所以就必须用 "&" 加上变量名，例如 "&a"。但要注意同样是赋值操作，这两者在形式上是不同的。"&" 是一个取地址运算符，"&a" 就是一个表达式，其功能是求变量的地址。下面就是几个正确的 scanf（ ）函数的应用。

```
scanf("%d  %d", &a, &b);              /*&a 和 &b 分别表示变量 a 和变量 b 的地址*/
scanf("%c", &c);                      /*取字符型数据赋值给变量 c*/
scanf("%f", &f);                      /*取浮点型数据赋值给变量 f*/
```

在这里的格式控制字符串与 printf（ ）函数中的使用方式相同，都可以用 "%d" "%o" "%x" "%c" "%s" "%f" "%e"，但没有 "%u" 格式。

注意：在使用 scanf（ ）函数时，最后不能加 "\n"，加上是不合理的。

【实例 3.8】　使用 scanf（ ）函数接收不同类型的数据，并保存到相应的变量中，其如示例代码 3.8 所示。

示例代码3.8　使用scanf( )函数接收数据

```
01 #include "stdio.h"                              /*包含系统函数头文件*/
02
03 int main( )                                     /*主函数*/
04 {
05     int a;                                      /*声明变量*/
06     int b;
07     float f;
08     char c;
09     printf("please input 1 char : ");           /*提示用户输入*/
10     scanf("%c", &c);                            /*接收用户输入的字符*/
11     printf("please input 2 int num :");         /*提示用户输入*/
```

```
12      scanf("%d %d", &a, &b);                 /*接收用户输入的整数*/
13      printf("please input 1 float num :");   /*提示用户输入*/
14      scanf("%f", &f);                        /*接收用户输入的浮点型数据*/
15      printf(" a = %d b = %d, c= %c, f = %f\n",
16          a,b,c,f);                           /*打印接收到的数据结果*/
17      getch( );                               /*暂停*/
18      return 0;                               /*返回*/
19  }                                           /*主函数完*/
```

【代码解析】 代码第9～14行，就是使用 scanf（）和 printf（）函数结合来提示和接收用户输入的数据。

【运行效果】 编译并执行程序，其结果如图3.7所示。

在使用 scanf（）函数时，有如下4点需要注意。

① 如果在"格式控制字符串"中除了格式说明以外还有其他的字符，则在输入数据时应输入与这些字符相同的字符。例如：

```
scanf("%d,%d",&a,&b);
```

那么在输入这些数据时，也应当把"，"加上。输入时如下所示：

```
88, 10
```

88与10之间的逗号应与 scanf（）函数中的"格式控制字符串"中的逗号相对应，输入其他符号都是不对的。

【实例3.9】 使用 scanf（）函数接收用户输入的整型数据，在格式控制字符串中有符号"，"，但在输入时使用空格" "来隔开，看一看效果。

示例代码3.9　使用scanf( )函数接收用户输入整形数据

```
01  #include "stdio.h"                         /*包含系统函数头文件*/
02
03  int main( )                                /*主函数*/
04  {
05      int a;                                 /*声明变量*/
06      int b;
07      printf("please input 2 int num :");    /*提示用户输入*/
08      scanf("%d,%d", &a, &b);                /*按格式接收用户输入数据到变量*/
09      printf("a = %d, b = %d\n", a,b);
10      getch( );                              /*暂停*/
11      return 0;                              /*返回*/
12  }                                          /*主函数完*/
```

【代码解析】 代码第8行是接受用户输入的数据，并保存到变量 a 和 b 的地址中。注意这里在两个"%d"中，有一个"，"。正因为有了这个"，"，所以在输入时也要按照要求输入，否则就会导致最后输出的数据错误。

【运行效果】 在执行程序时，输入数据为 100 333，最后输出的结果如图3.8所示。而如果按正确格式输入的话，如图3.9所示。

图3.7　使用scanf( )函数接收数据

图3.8　输入不符合要求的数据格式后的结果

图3.9　输入符合要求的数据格式后的结果

② 在用 "%c" 格式输入字符数据时，空格 " " 字符和转义 "\" 字符都会被作为有效字符输入。例如：

```
scanf("%c%c%c", &c1,&c2,&c3);
```

如果输入的字符是下列这种：

```
y e s
```

那么最后输出时，c1 中保存的就是字符 "y"，c2 中保存的是字符空格 " "，而 c3 保存的是字符 "e"。

③ 可以指定输入数据所占列宽，scanf（）函数会自动按其指定的列宽，截取所需要保存的数据。例如：

```
scanf("%2d%4d",&num1,&num2);
```

如果输入的数据如下：

```
123888
```

那么最后变量 num1 中保存的数值是 "12"，而变量 num2 中保存的数值是 "3888"。

④ 如果输入浮点型数据时，不能规定其数据精度。例如：

```
scanf("%.3f", &f);
```

这时如果执行程序，会发现 scanf（）函数根本就不会要求用户输入数据。因为这是一个无效的格式控制字符串，当然可以被编译成功，但是不起效果而已。

注意：虽然 C 语言中允许在使用 scanf（）函数之前不必包含 stdio.h 文件，但为了严谨和代码的可移植性，建议还是包含该文件。

第4章
使用选择结构编写程序

在 C 语言中提供了条件选择结构，根据给定的条件来决定执行哪些语句，不执行哪些语句。电脑就是依靠对逻辑和关系的运算来推导出事件的结果，从而使电脑具有了一定智能。

4.1 用逻辑运算符实现选择结构

4.1.1 逻辑运算符的使用

C 语言中提供了三种不同的逻辑运算符。

① 逻辑与运算符（&&）。逻辑与运算符的作用就是把 2 个或者多个条件进行逻辑组合。在 C 语言中用"&&"符号来表示，注意其操作数必须是 2 个或者 2 个以上。运算方法为：当两个操作数都为真时，结果为真（非 0），如果有一个操作数为假，则结果为假（0）。表 4.1 给出了逻辑与运算当中，对 2 个操作数的值进行不同组合时所取的值，这张表也被称为真值表。

表 4.1 逻辑与真值表

操作数1	操作数2	结果	操作数1	操作数2	结果
真	真	真	假	真	假
真	假	假	假	假	假

② 逻辑或运算符（||）。逻辑或运算符的作用同逻辑与运算符的作用差不多，也是把 2 个或者多个条件进行组合，不过其运算方法是不同的：当 2 个操作数都为假时，结果为假（0），如果有一个操作数为真（非 0），结果就为真（非 0）。在 C 语言中用"||"作为逻辑或运算符。

逻辑或运算符的真值表如表 4.2 所示。

表 **4.2**　**逻辑或真值表**

操作数1	操作数2	结果	操作数1	操作数2	结果
真	真	真	假	真	真
真	假	真	假	假	假

③ 逻辑非运算符（！）。逻辑非运算符的作用就是把 1 个操作数（注意是 1 个操作数）的值取反。运算方法是：当操作数值为真（非 0）时，结果为假（0）；当操作数值为假（0）时，结果为真（非 0）。其真值表如表 4.3 所示。

表 **4.3**　**逻辑非真值表**

操作数1	结果	操作数1	结果
真	假	假	真

注意：逻辑运算符中逻辑非只能是 1 个操作数，其他两个运算符都可以是 2 个或者多个运算符。

4.1.2　逻辑运算符的优先级与结合性

逻辑运算符与前面所讲到的各种运算符一样，也是有优先级与结合性的，读者可查阅本书第 2 章中的表 2.12。结合性是 "&&" "||" "!" 都为右结合。

也正是由于这种优先级和结合性的特点，在使用时读者朋友需要多加注意，例如：

```
a == b && x > y
c > a || b > c
!x && y >z
```

其相当于是：

```
(a==b)&&(x>y)
(c>a) || (b>c)
(!x)&&y||z;
```

技巧：在使用逻辑符时，尽量使用圆括号 "（ ）" 将操作数括起来，这样既好看，又不会使程序运算的顺序搞错。

4.1.3　使用逻辑运算符的程序举例

根据三种不同的逻辑运算符的特点，现在用其来进行各种不同的逻辑运算举例，并且与关系运算符同时操作。

【实例 4.1】 计算如表 4.4 所示的各种逻辑与关系的结果值。其中各变量的初始值为：变量 a = 5，变量 b = 1，变量 c = 0。如示例代码 4.1 所示。

表 **4.4**　**需要计算的逻辑与关系**

参与的变量	参与的运算	表达式	参与的变量	参与的运算	表达式
a,b,c	&&、||	a && b || c	a,b,c	>,||	(a>b) || c
a,c	!、&&	!a && !c	a,b,c	>, &&	b<(a && c)

示例代码4.1 逻辑与关系运算举例

```
01  #include "stdio.h"                                        /*包含系统函数头文件*/
02
03  int main( )                                               /*主函数*/
04  {
05        int a = 5;                                          /*初始化变量*/
06        int b = 1;
07        int c = 0;
08        printf("a && b || c : %d\n", a && b || c);          /*逻辑运算,并打印结果*/
09        printf("!a && !c   : %d\n", !a && !c);
10        printf("(a>b) || c : %d\n", (a>b) || c);
11        printf("b<(a && c) : %d\n", b<(a && c));
12        getch( );                                           /*暂停*/
13        return 0;                                           /*返回*/
14  }/*主函数完*/
```

【代码解析】 代码第 8 行,是先计算 a "&&" b,其结果为真,然后再 "||" c,输出最后结果为真。代码第 9 行是先计算 a 的 "!",其结果为假,然后 "&&" c 的 "!",输出最后结果为假。代码第 10 行是先比较 a ">" b,其结果为真,然后再 "||" c,输出最后结果为真。代码第 11 行是先计算 a "&&" c,其结果为假,然后再比较 "<" b,输出最后结果为假。

【运行效果】 编译并执行程序后,其结果如图 4.1 所示。 图4.1 逻辑与关系运算输出结果

4.2 用if语句实现选择结构

C 语言中使用 if 关键字来定义条件选择结构。所谓条件选择结构,就是指根据条件的不同可以进行不同的语句执行选择。

4.2.1 if语句的使用方法

在 C 中定义最简单 if 条件选择语句的格式如下所示:
```
if (条件)
      语句
```
其中,"if"是关键字。"条件"是作为判断条件使用的各种表达式。一般是关系表达式或者逻辑表达式,不过也可以是其他任意数据类型的变量或者常量。"语句"可以是单一语句,也可以是复合语句。例如:
```
if (5>3)                          /*判断条件*/
{
printf("true\n");
}                                 /*条件语句的最后,不需要用到分号*/
```
注意:虽然 if 条件选择语句是一个单独语句,但其最后是不需要用到分号来表示语句结束的。

if 语句的执行过程：当条件为真时，就执行语句，否则就直接执行 if 语句后面的语句，如图 4.2 所示。

4.2.2 使用 if 语句的程序举例

【实例 4.2】 接收用户输入的 2 个数值，比较两个数的大小，输出其中最大的值，如示例代码 4.2 所示。

图 4.2 if 语句的执行过程

示例代码 4.2 比较两个数的大小

```
01  #include "stdio.h"                        /*包含系统函数头文件*/
02
03  int main( )                               /*主函数*/
04  {
05          int a = 0;                        /*初始化变量*/
06          int b = 0;
07          int max = 0;
08          printf("please input 2 num:");    /*提示用户输入两个数字*/
09          scanf("%d %d", &a, &b);           /*接收用户输入的数值*/
10          max = b;                          /*先设定max的值为b的值*/
11          if(a>b)                           /*比较a和b的值大小*/
12          {
13          max = a;                          /*如果a比b大，则再设定max的值为a*/
14          }
15          printf("max = %d\n", max);        /*输出最大值*/
16          getch( );                         /*暂停*/
17          return 0;                         /*返回*/
18  }                                         /*主函数完*/
```

【代码解析】 代码第 11 行，if 语句根据关系表达式 "a>b" 的结果，来判断是否执行 if 中的语句。当结果为真时，改变 max 的值为变量 a 的值；否则不执行，max 的值仍旧是变量 b 的值。代码第 15 行，输出 max 的值。

【运行效果】 编译并执行程序后，输入的数值分别是 1000 赋值给 a、2000 赋值给 b。其结果如图 4.3 所示。

```
please input 2 num:1000 2000
max = 2000
```

图 4.3 比较两个数的大小输出结果

注意：能够作为条件的表达式，一定不能是赋值表达式，因为赋值表达式的结果永远是真，所以有可能导致程序出现意想不到的结果。

4.2.3 使用 if…else 结构实现多项选择

除了用 if 来定义选择结构外，还可以是 if（如果）加上 else（否则）组合起来实现多项选择。格式如下所示：

```
if （条件）
    语句1
else
    语句2
```

其根据 "条件" 中表达式的结果进行判断，如果其值是真（非 0），则执行 "语句 1"。

执行完毕后，执行条件选择语句后的其他语句。如果其值是假（0），则执行"语句 2"。例如：

```
if (x>y)                         /*判断条件x>y*/
{
    printf("x>y\n");             /*当条件为真时,输出x>y*/
}
else                             /*条件不为真时*/
{
    printf("x<y\n");             /*输出x<y*/
}
```

说明：上面例子中，虽然每一个 if 或者 else 语句中只有一个语句，可以不用花括号"{}"括起来，但为了阅读和代码一致性的要求，都建议将其括起来使用。

这种 if…else 格式的语句执行流程如图 4.4 所示。

图 4.4 if…else 执行流程

4.2.4 使用 if…else 结构的程序举例

【实例 4.3】 接收用户输入的任意 2 个整型数值，并判断质数 3 是否是这两个值的公约数，如示例代码 4.3 所示。

示例代码4.3 公约数判断

```
01 #include "stdio.h"                        /*包含系统函数头文件*/
02
03 int main( )                               /*主函数*/
04 {
05     int a = 0;                            /*初始化变量*/
06     int b = 0;
07     printf("please input a,b:");
08     scanf("%d,%d", &a,&b);                /*接收用户输入*/
09     if((a % 3 == 0) && (b %3 == 0))       /*根据条件进行判断*/
10     {
11         printf("%d and %d contain 3\n", a, b);
12     }
13     else                                  /*当表达式条件为假时执行*/
14     {
15         printf("%d and %d not contain 3\n", a, b);
16     }
17     getch( );                             /*暂停*/
18     return 0;                             /*返回*/
}                                            /*主函数完*/
```

【代码解析】 代码第 9 行，分别将用户输入的数值去除以 3，如果都能够整除，则说明两个数都包含公约数 3，执行 if 中的语句；否则执行 else 中的语句。

【运行效果】 编译并执行程序后，输入的值是 33 和 43，由于 43 不能被 3 整除，所以执行了 else 中语句，输出了不包含公约数 3 的信息。结果如图 4.5 所示。

注意：else 语句绝对不能作为一条单独语句使用，因为其是 if 语句的一部分，必须与 if 配对使用。

图 4.5 公约数判断

4.2.5 if语句的嵌套使用

在日常生活中，大家除了会遇见单一条件选择以外，还会遇到多重条件选择的情况，例如，在对学生成绩进行等级分类时或者根据年龄对小区人口进行统计时。这些情况下，就需要进行多重的选择。

为此，C 语言中的 if 语句还提供了一种比较复杂的格式：在第 1 个 if 语句的 else 后加上第 2 个 if 语句，然后在第 2 个 if 语句的 else 后增加第 3 个 if 语句，以此类推，构成 if 语句的嵌套使用。格式如下：

```
if (条件1)
        语句1
else if(条件2)
        语句2
else if(条件3)
        语句3
...
else if(条件n-1)
        语句n-1
else
        语句n
```

这个 if 嵌套的语句是先判断"条件 1"给出的表达式的值。如果该值是真（非 0），则执行"语句 1"，执行完毕后，转到整个条件选择语句后面继续执行其他的语句。如果该值是假（0），则继续判断 else 之后的第 2 个 if 语句中的"条件 2"给出的表达式的值。

如果"条件 2"的值是真，则执行"语句 2"，执行完毕后，转到整个条件选择语句后面继续执行其他的语句。如果"条件 2"的值是假，则继续判断"条件 3"给出的表达式的值，以此类推。如果所有条件中的表达式的值都是假，则执行 else 后的"语句 $n+1$"。如果没有else，则什么也不做，转到条件选择语句后面继续执行其他的语句。例如：

```
if (x>1000){
        y=1000;
}
else if (x>500){
        y=500;
}
else if (x>400){
        y=400;
}
else if (x>200){
        y=200;
}
else {                              /*如果没有这个else,y的值将是默认的初始值*/
        y=100;
}
printf("x=%d, y=%d\n",x,y);
```

if…else if 格式的语句执行流程如图 4.6 所示。

因为并不是所有的嵌套格式都能表示成 if…else if 格式，所以在 C 语言中，除了前面介绍的这种嵌套方式外，还支持在一个 if 语句中或者其 else 语句中嵌套另一个 if 语句。如下所示：

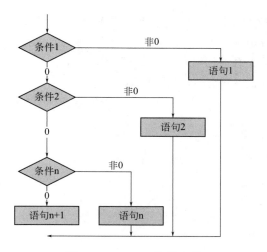

图4.6　if…else if执行流程

```
if(条件1)                                    /*当条件1为真时，执行*/
{
    语句1
    if(条件2)                                /*嵌套在if语句的if语句*/
    {
        语句2
    }
    else
    {
        语句3
    }
}
else                                         /*当条件1为假时，执行*/
{
    if(条件3)                                /*嵌套在else语句中的if语句*/
    {
        语句4
    }
    else
    {
        语句5
    }
}
```

　　而且这里只是列举出了一种简单的if语句嵌套格式，由于if语句的灵活性很强，所以其格式还可以是多重嵌套的，如下所示：

```
if(条件1)                                    /*一重if语句*/
    if(条件2)                                /*二重if语句*/
        if(条件3)                            /*三重if语句*/
            语句1
        else                                 /*与三重if语句配对的else语句*/
            语句2
```

看到这里读者肯定有一个问题：上面这个例子中，else 语句应该是与哪个 if 语句配对呢？在 C 语言中规定，else 语句只与其最近的 if 语句配对使用。根据这个规定，那么最后这个 else 语句就只能与第三重 if 语句相配对。如果读者想要让 else 语句与第二重 if 语句相配对，可以增加一个花括号来调整一下次序。如下所示：

```
if(条件1)                                    /*一重if语句*/
{
    if(条件2)                                /*二重if语句*/
    {
        if(条件3)                            /*三重if语句*/
        {
            语句1
        }
    }
    else                                     /*与二重if语句配对的else语句*/
    {
        语句2
    }
}
```

技巧：在多重 if 语句嵌套中，尽量使用花括号来划分每重不同的 if 语句，这样既便于阅读和理解，也显得代码流程清晰。

4.2.6　使用if语句嵌套的程序举例

【实例 4.4】 学生成绩评级模块，其中等级与分数对应标准见表 4.5。

表 4.5　学生分数与等级对应

分数	等级	分数	等级
>90	优秀(A)	>60	及格(D)
>80	优良(B)	其他	不及格(E)
>70	良(C)		

要求根据用户录入学生成绩后，在屏幕上显示出该学生所属的评分等级。模块的设计如示例代码 4.4 所示。

示例代码4.4　学生成绩评级模块

```
01 #include "stdio.h"                        /*包含系统函数头文件*/
02
03 int main( )                               /*主函数*/
04 {
05     int score = 0;                        /*初始化参数*/
06     printf("student score grade system.\n");
07     printf("please input score:");
08     scanf("%d", &score);                  /*接收用户的输入*/
09     if(score > 90){                       /*判断条件>90是否为真*/
            /*输出学生当前评分的等级 A*/
```

```
10                printf("this student score level is A\n");
11          }
12          else if(score > 80){                          /*判断条件>80是否为真*/
13                printf("this student score level is B\n");
14          }
15          else if(score > 70){                          /*判断条件>70是否为真*/
16                printf("this student score level is C\n");
17          }
18          else if(score > 60){                          /*判断条件>60是否为真*/
19                printf("this student score level is D\n");
20          }
21          else{
                /*所有的条件都为假时，执行本语句，输出学生等级为E*/
22                printf("this student score level is E\n");
23          }
24          getch( );                                     /*暂停*/
25          return 0;                                     /*返回*/
26     }                                                  /*主函数完*/
```

【代码解析】 代码第 8 ～ 21 行，就是 if 语句的嵌套使用。其是根据多重条件来决定执行哪个 if 中的语句，如果所有的条件都不为真，则执行最后 else 中的语句。

【运行效果】 编译并执行程序后，输入学生成绩为 50 分时，所有的条件都不满足，则执行 else 中的语句，输出如图 4.7（a）所示；当输入学生成绩为 80 分时，满足第 2 个条件，输出结果如图 4.7（b）所示。

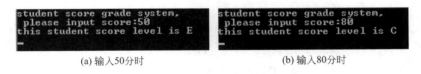

(a) 输入50分时   (b) 输入80分时

图 4.7　输入不同分数时的输出结果

4.3 用条件运算符实现简单的选择结构

4.3.1 CPU只有JUMP指令

一般来说，CPU 只有一个简单的 JUMP 指令，完全要靠程序员根据不同的情况告诉 CPU JUMP（跳转）到哪段代码去。通过不同情况的跳转，来实现选择结构，控制代码的走向。比如，两个寄存器的数值比大小，R1>R2，JUMP……否则，顺序执行就好了。同样的，这个简单的 JUMP 指令，还能实现循环，设定一个寄存器作为循环计数器，一段代码执行一遍，然后跳转到开头，循环计数器减 1。当循环计数器为零的时候，就不再跳转，顺序执行下去即可。

可是，这样的汇编代码，可读性完全依赖于你对 CPU 的理解，还是面向机器的。程序员要不懂一点 CPU 原理，就没法写程序。

但是，C 语言既有机器代码的能力，又是面向程序员的。你不需要学习某个 CPU 的原理类课程，一样可以为这个 CPU 编写程序。只要你会 C 语言就行，编译器会帮你抹平 CPU 的差异。或者，编译器在某些时候，帮你提供操作 CPU 内核的能力，你也不需要用到机器指令。

4.3.2　专业程序员都会错：悬挂 else 引发的问题

很多公司的 C 语言代码编写手册上都会说明：虽然 C 语言因为简洁性的设计原则，"if（x==y）　y = fun（）；"是符合语法的写法，但我们要求就算只有一句代码，也要尽量写成：

```
if(x==y)
{
    y = fun();
}
```

为什么会要求这么做？除了软件工程的需要，提高可读性还有一个原因，就是最大限度避免悬挂 else 引发问题。举例来说：

```
if  (x==y)
    if (1 == y) showmessage(……);
else{
    z = x+y;
    showmessage(z);
    }
```

这段代码，你的本意应该是：如果 x 和 y 两个变量的值相等，然后看看 y 是不是等于 1，如果是，显示一段信息；如果 x 和 y 两个变量不相等，然后把 x 和 y 的和赋值给变量 z，然后显示一段和变量 z 有关的信息。

实际执行的时候呢，当 x 和 y 相等，且 y 不等于 1 的时候，开始执行"z=x+y；"了。

为什么会出现这种情况呢？这是因为书写习惯不好，让第二个 if 语句和 else 产生了配对。这就是所谓的 else 悬挂问题。因为 C 语言的语法规定就是这样的，没有大括号的话，else 总是和最近的一个 if 语句配对。所以，你写成下面的样子，就没问题了。

```
if  (x==y)
    {
    if (1 == y) showmessage(……);
    }
else{
    z = x+y;
    showmessage(z);
    }
```

4.3.3　这是语言特性，不是数学公式

在 C 语言中，我们用"=="来表示相等，而用等号"="来表示赋值给一个变量，比如"x=237；"。其实多少会给人一定的烦恼，特别是对初学者来说。

对比一下，PASCAL 语言具有独创的方式，用"：="来表示给一个变量赋值，比如说"X：=237"，可读性更好一点，特别是对很多初学者来说，都有很多年的数学学习历史，你看到"x=y"，自然会联想到数学等号公式，一时会转不过弯来，不太容易理解，这是把变量 y 中的值，写到变量 x 中去。但是 PASCAL 语言的"x：=y"，就显得清晰明了。

而且，PASCAL 语言中，干脆设定了逻辑变量类型，让用户明确自己是在做逻辑运算，然后根据逻辑运算的结果，来决定代码的选择语句，循环语句中的走向。这对初学者非常友好，所以，在以前，PASCAL 都是一个非常优美的教学语言。

但是，时代不一样了，毕竟 C 的应用更加广泛。我们现在都直接学 C，跨过了给初学者一个缓冲的阶段。

读者可以在这里对比琢磨下，更加深入理解 C 语言的这个特性，思考一下，直接学 C，也是没有问题的。

C 的一个要求是简单简洁，如果赋值语句，都用" : ="，每次赋值的时候，都要多输入一个符号，而赋值语句到处都在用，其实是有悖于 C 语言的这个设计要求的。何况当年 C 语言是针对专业程序员开发的。C 语言还有一个设计理念是相信程序员，相信程序员都理解布尔变量的操作的背后原理是什么，所以，干脆就不用 BOOL 变量了，直接用 0 和 1 来替代。而且，给了专业程序员灵活性。所以，我们会看到，为了代码的可读性，很多专业的系统程序中，首先会定义 BOOL 变量，然后使用。读者在后面的章节中会学到这种用法，这里先提一下。

最后，我们要提醒一下读者：当我们在选择语句中使用"if (x=y)"的时候，要想一想，其实我们是不是想写的是"if (x==y);"或者"if (y==x)"呢？你注意到了"="和"=="在 C 语言中的区别了吗?

4.3.4 少用，但可以了解的语言特性

有的时候，由于需要判断的逻辑结构很简单，所以在 C 语言中也提供了另外一种简洁的条件运算符来实现选择结构。这个语法一般不推荐，但很多古老的代码中还是有的，读者也应该了解一下，当你成为特别专业的程序员之后，可能还会觉得简洁好用。其格式如下：

表达式1? 表达式2 : 表达式3

整个条件表达式由三个子表达式所组成，其中问号"?"就是条件运算符，但要注意其只能是与冒号" : "同时使用。子表达式 1 一般是一个关系或者逻辑表达式。

条件表达式的执行顺序是：先计算表达式 1 的逻辑值，如果是真，则整个条件表达式的值取表达式 2 的结果值；如果是假，则整个条件表达式的值取表达式 3 的结果值。

例如，用 if 语句来比较两个数大小时，会使用如下语句：

```
if(x>y)
{
    max = x;
}
else
{
    max = y;
}
```

而如果使用条件运算符时，其格式就变成了如下所示：

```
max =(x>y)? x:y;
```

这样看上去是不是简洁多了呢？不过要注意，由于条件运算符的优先级比较低，在使用时要注意表达式的运算顺序。例如：

```
x>y?x:y-100;
```

其相当于：

```
x>y?x:(y-100)
```

而不是相当于：

```
(x>y?x:y)-100
```

注意：条件运算符必须由三个操作数所组成，但其中每个表达式的值类型可以是不同的。

4.4 多分支条件选择语句：switch

现实生活中，常常会遇到很多统计分类问题，例如：对学生的成绩进行分类（90 分以上为 A，80 ～ 89 分为 B，70 ～ 79 分为 C 等等）；员工的工资统计分类；人口年龄分类；社区受教育文化程度分类等。

在前面的章节中，笔者介绍过 if…else if 的嵌套结构，虽然其能够解决这类问题，但由于这种嵌套格式层次不够清晰，所以在 C 语言中提供了另外一种结构清晰的多分支条件选择语句：switch。

4.4.1 switch 语句的结构介绍

switch 语句是多分支选择语句或者又被称为开关语句（因为其有类似开关的作用）。其一般的格式如下所示：

```
switch(表达式)
{
    case 常量表达式1:
        语句1;
    case 常量表达式2:
        语句2;
    ...
    case 常量表达式n-1:
        语句n-1;
    case 常量表达式n:
        语句n;
    default:
        语句n+1;
}
```

其中，switch 是关键字，case 和 default 是子句关键字。常量表达式是指其值为字符常量或者整数常量的表达式。语句可以是一条简单语句，也可以是复合语句，也可以是空语句。

注意：每一个 case 子句中的常量表达式的值必须是不相同的，否则会出现异常。

4.4.2 大多数人理解的 switch 语句都是错的

大多数人以为 switch 语句后面程序选择执行之后，就跳出本选择，其实不是的，C 语言设计的一个原则就是相信程序员，让程序员自己控制，如果不加上 break 语句，程序就顺序执行到下一个选择项去了。所以，在 switch 语句中，每一个 case 语句的后面都应该加上一个 break 语句，因为当程序执行到一个 case 子句中时，如果后面的语句中都没有 break 语句，则会依次执行后续的 case 语句。break 语句在这里起退出 switch 语句的作用。加入 break 语句后，switch 语句的一般格式如下：

```
switch(表达式)
{
    case 常量表达式1：
        语句1；
        break；
    case 常量表达式2：
        语句2；
        break；
    ...
    case 常量表达式n-1：
        语句n-1；
        break；
    case 常量表达式n：
        语句n；
        break；
    default：
        语句n+1；
}
```

switch 语句的执行流程如下：

① 计算 switch 后面括号内的表达式的值。

② 用表达式的值与常量表达式 1 的值进行比较，如果不相等，再与常量表达式 2 的值进行比较，如果又不相等，则顺序比较下去，直到常量表达式 n，如果还是不相等，则执行 default 子句中的语句，如果没有 default 子句，则执行 switch 语句后的其他语句。

③ 在前面比较过程中如果有一个 case 子句中的常量表达式与条件表达式的值相等，则执行该 case 子句中的语句。执行完成后，如果没有遇到 break 语句，则执行下一个 case 子句中的语句，直到遇到 break 语句退出 switch。

④ 如果后面的语句中都没有 break 语句，则依次执行后续语句。直到 switch 语句的右括号 "}"，退出 switch 语句，执行其他语句。

【实例 4.5】 查询学生等级对应的分数模块，其中等级与分数对应标准见表 4.5，这里使用 switch 语句来表示，同时注意是不加 break 语句的。其如示例代码 4.5 所示。

示例代码4.5 查询学生等级对应的成绩模块——不加break的switch语句

```
01  #include "stdio.h"                          /*包含系统函数头文件*/
02
03  int main( )                                 /*主函数*/
04  {
05      char level = 0;                         /*初始化变量*/
06      printf("please input level (A~E) :");
07      scanf("%c",&level);                     /*接收输入*/
```

```
08      switch(level)                          /*根据等级值去比较后面的常量表达式*/
09      {
10          case 'A':                          /*当等于A时*/
11              printf("A level score is 90～100\n");
12          case 'B':                          /*当等于B时*/
13              printf("B level score is 80～89\n");
14          case 'C':                          /*当等于C时*/
15              printf("C level score is 70～79\n");
16          case 'D':                          /*当等于D时*/
17              printf("D level score is 60～69\n");
18          default:                           /*其他值时*/
19              printf("E level score is 0～59\n");
20      }
21      getch( );                              /*暂停*/
22      return 0;                              /*返回*/
23  }                                          /*主函数完*/
```

【**代码解析**】 代码中第 8 ～ 20 行，就是 switch 语句的使用，不过要注意其中没有 break 语句。

图 4.8　查询学生等级对应的成绩模块——不加 break 的 switch 语句结果

【**运行效果**】 编译并执行程序后，当用户输入 B 时，其输出结果如图 4.8 所示。读者可以从结果图中看到，由于没有 break 语句，所以程序把常量等于"B"后面 case 中的全部语句都执行了，就输出了这些内容，很显然这不是所期待的结果。

【**实例 4.6**】 修改实例 4.5 中的查询学生等级对应的分数模块，其中等级与分数对应标准见表 4.5，这里使用 switch 语句来表示，但注意是加 break 语句的。如示例代码 4.6 所示。

示例代码4.6　查询学生等级对应的成绩模块——加break的switch语句

```
01  #include "stdio.h"                         /*包含系统函数头文件*/
02
03  int main( )                                /*主函数*/
04  {
05      char level = 0;                        /*初始化变量*/
06      printf("please input level (A～E) :");  /*提示用户输入*/
07      scanf("%c",&level);                    /*接收用户输入*/
08      switch(level)                          /*根据输入的值进行比较*/
09      {
10          case 'A':                          /*当等于A时*/
11              printf("A level score is 90～100\n");
12              break;                         /*增加break语句*/
13          case 'B':                          /*当等于B时*/
14              printf("B level score is 80～89\n");
15              break;                         /*增加break语句*/
16          case 'C':                          /*当等于C时*/
17              printf("C level score is 70～79\n");
18              break;                         /*增加break语句*/
19          case 'D':                          /*当等于D时*/
```

```
20              printf("D level score is 60~69\n");
21              break;                              /*增加break语句*/
22          default:                                /*其他数值*/
23              printf("E level score is 0~59\n");
24      }
25      getch( );                                   /*暂停*/
26      return 0;                                   /*返回*/
27  }                                               /*主函数完*/
```

【代码解析】 代码中第 8 ～ 24 行，就是加了 break 语句的 switch 的使用。当执行任意一个 case 中的语句后，由于增加了 break 语句，就会跳出整个 switch 语句。

【运行效果】 编译并执行程序后，这时当用户输入 B 时，其输出结果如图 4.9 所示。从结果图中可以看到这才是所期望得到的结果。

图 4.9 查询学生等级对应的成绩模块——加 break 的 switch 语句结果

4.4.3 多个执行结果共用一个条件

但要注意，并不是说不增加 break 语句就一定是错误的，因为有的时候确实不需要增加 break 语句。由于多个 case 子句可以共用一组执行语句，所以多个执行结果就可以共用一个条件。这也是 switch 语句的一个特性。

【实例 4.7】 对键盘上输入的数字和字母进行分类，如示例代码 4.7 所示。

示例代码4.7　键盘输入按键分类

```
01  #include "stdio.h"                              /*包含系统函数头文件*/
02
03  int main( )                     /*主函数*/
04  {
05      char ch;                                    /*定义变量*/
06      printf("please input character:");
07      scanf("%c",&ch);                            /*接收输入*/
08      switch(ch)                                  /*根据变量值进行比较*/
09      {
10          case '0':                               /*等于'0'*/
11          case '1':
12          case '2':
13          case '3':                               /*等于'3'*/
14          case '4':
15          case '5':
16          case '6':
17          case '7':                               /*等于'7'*/
18          case '8':
19          case '9':                               /*等于'9'*/
20              printf("input character is number!\n");
21          break;
22          default:                                /*不是数字就当成字母处理*/
```

```
23              printf("input character is word!\n");
24       }
25       getch( );                                 /*暂停*/
26       return 0;                                 /*返回*/
27  }                                              /*主函数完*/
```

【代码解析】 代码中第 10 ~ 24 行，就是在 switch 语句中，对输入的字符进行判断，如果和 "0 ~ 9" 中任意一个字符相同，则说明这个字符是数字；反之，就默认是字母。在这里就是多个执行结果共用一个条件。

【运行效果】 编译并执行程序后，输入数字字符时，如图 4.10（a）所示；输入字母字符时，如图 4.10（b）所示。

(a) 输入数字时   (b) 输入字母时

图 4.10　键盘输入按键分类

第5章
使用循环结构编写程序

在现实世界中，常常会遇到很多重复性的工作。例如，制作汉堡的过程，其制作每一个新汉堡，都与上一次制作过程一模一样。这种有规律的、重复的操作过程，如果放到计算机程序中，就体现为对特写语句的重复执行，这就是程序设计中的循环结构。

5.1 用while实现带条件的循环语句

while 循环语句可以实现带条件判断的循环结构，是循环语句中比较常用的语句之一。

5.1.1 while循环语句的结构和功能

在循环语句中，while 循环是结构最简单的循环语句，用关键字 while 来声明。while 单词英文意思就是"当……就……"，所以也称while 循环为当型循环。while 语句的一般格式如下所示：

```
while(条件)
{
    循环体
}
```

其中，"while" 是循环语句的关键字，用于向编译器表明这是一个循环语句的开始。"条件" 可以是条件表达式、关系表达式或者常量表达式等等。而 "循环体" 可以是简单的一条语句，也可以由复合语句所组成。

注意：条件中的是表达式，不是语句，很多初学者常常会在表达式的后面加上一个分号，这样是不对的。

while 循环语句执行流程如图 5.1 所示。

图5.1 while循环语句执行流程

当型 while 循环语句的执行流程为：

① 先计算出"条件"中的表达式的值，如果值为真（非 0），则执行循环体，即语句；如果值为假（0），则退出循环并执行循环后面的语句。

② 执行完一次循环体后，再次计算"条件"中的表达式的值。

③ 如果其值仍为真（非 0），则再次执行循环体，直到"条件"中的表达式的值为假（0），退出循环，执行后面的语句。

5.1.2 while循环语句的程序实例

【实例 5.1】 利用 while 循环语句求 1 ～ 100（不含 100）中全部整数相加的结果值，并输出到屏幕上。如示例代码 5.1 所示。

示例代码5.1 用while循环语句求1～100中全部整数相加的结果

```
01 #include "stdio.h"                          /* 包含系统函数头文件 */
02
03 int main( )                                 /* 主函数 */
04 {
05     int i = 1;                              /* 初始化循环值 */
06     int sum = 0;                            /* 初始化累加值 */
07     while(i<100)                            /* 比较 i 的值是否小于100 */
08     {
09         sum += i;                           /* 累加1~100中每个数的值 */
10         i++;                                /* 循环递增 */
11     }
12     printf("1~100 sum is %d\n", sum);       /* 输出累加值 */
13     getch( );                               /* 暂停 */
14     return 0;                               /* 返回 */
15 }                                           /* 主函数完 */
```

【代码解析】 代码第 7 ～ 11 行，就是利用循环语句 while 来计算 1 ～ 100 中整数的累加值。其执行顺序如下：

① 判断变量 i 的值是否小于 100。如果是，则进入循环体；否则不进入。

② 把 i 中的数值与 sum 相加，并保存到 sum 变量中。

③ 对 i 的值进行递增。

④ 判断 i 的值是否仍然小于 100，如果是，则继续执行循环体中的语句（即 1 ～ 3 步）；否则转第 5 步。

⑤ 当 i 的值到达 100，条件值为假，退出循环体。

【运行效果】 编译并执行程序后，其结果如图 5.2 所示。

```
1~100 sum is 4950
```

图5.2 求1～100中整数累加的值

【实例 5.2】 输入任意两个正整数，求这两个数的最大公约数和最小公倍数，如示例代码 5.2 所示。

示例代码5.2 求任意两个正整数的最大公约数和最小公倍数

```
01  #include "stdio.h"                          /*包含系统函数头文件*/
02
03  int main( )                                 /*主函数*/
04  {
05      int a = 0;                              /*初始化变量*/
06      int b = 0;
07      int num1 = 0;
08      int num2 = 0;
09      int temp = 0;
10      printf("Input a,b:");                   /*提示用户输入变量值*/
11      scanf("%d,%d",&num1,&num2);             /*接收用户输入数值*/
12      if(num1>num2)                           /*找出两个数中的较大值*/
13      {
14          temp=num1;                          /*交换两个整数*/
15          num1=num2;
16          num2=temp;
17      }
18      a=num1;                                 /*把小值赋值给a*/
19      b=num2;                                 /*把大值赋值给b*/
20      while(b!=0)                             /*采用辗转相除法求最大公约数*/
21      {
22          temp=a%b;
23          a=b;
24          b=temp;
25      }
    /*输出最大公约数*/
26      printf("The GCD of %d and %d is: %d\n",num1,num2,a);
    /*输出最小公倍数*/
27      printf("The LCM of them is: %d\n",num1*num2/a);
28      getch( );
29      return 0;
30  }
```

【代码解析】 代码第 20 ～ 25 行，是利用循环语句来辗转相除求两个数的最大公约数。代码第 27 行，是利用两个数相乘得到某个公倍数，然后用其去除以最大公约数，求出最小公倍数的值，并输出。

【运行效果】 编译并执行程序后，输入的数值分别是 20 赋值给 a，把 30 赋值给 b。其结果如图 5.3 所示。

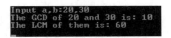

图5.3 最大公约数和最小公倍数

　　注意：在使用 while 循环语句时，条件值一般应该是在循环体中进行改变的，不然会导致程序一直在循环体中执行，无法退出。除非特殊需要的情况下，才不这样做。

5.2 另一种带条件的循环语句：do…while

5.2.1 比较do…while与while的差异

do…while 循环语句的一般格式如下所示：

```
do
{
    循环体
}while(条件);
```

其中，do 和 while 是关键字，表明这是一个 do…while 循环语句。"条件"可以是条件表达式、关系表达式或者常量表达式等等。而"循环体"可以是一条简单的语句，也可以由复合语句所组成。

注意：在 do…while 语句的最后，必须有一个分号"；"表示整个语句的结束。这一点很多初学者很容易忽略。

do…while 与 while 循环语句虽然看上去区别不大，但其执行流程却是天差地别的。do…while 循环语句执行流程如图 5.4 所示。

do…while 循环语句的执行流程为：

① 直接执行一次 do 后面的循环体。

② 判断条件表达式中的逻辑值的真假。如果值为真（非 0），则再次执行循环体，即语句；如果值为假（0），则退出循环并执行循环后面的语句。

do…while 循环语句中，不管条件表达式中的值如何，都要自动执行一次循环体中的语句。就是说，即使在初始条件表达式的值为假时，也会至少执行一次循环体中的语句。而while 语句是先判断条件表达式的值，如果其初始值为假，则什么都不执行了。

图 5.4 do…while 循环语句执行流程

5.2.2 用do…while循环的程序实例

【实例 5.3】 利用 do…while 循环语句，要求接收用户输入的一个正整数 n，程序会打印出 0 到这个数之间的全部单数。其如示例代码 5.3 所示。

示例代码5.3　打印0～n之间的全部单数

```
01 #include "stdio.h"                          /*包含系统函数头文件*/
02
03 int main( )                                  /*主函数*/
04 {
05     int n = 0;                               /*初始化变量*/
06     int i = 0;
07     printf("please input num : ");           /*提示用户输入*/
08     scanf("%d", &n);                         /*接收用户输入*/
09     do
10     {
11         if(i % 2 != 0)                       /*判断单数*/
```

```
12              {
13                  printf("%d\n", i);
14              }
15              i++;                        /*增加i的值*/
16          }while(i<n);                    /*判断条件,i是否小于n*/
17          getch( );                       /*暂停*/
18          return 0;                       /*返回*/
19      }                                   /*主函数完*/
```

【代码解析】 代码第 9 ~ 16 行，是利用 do···while 循环语句来寻找 0 ~ n 中的每一个单数，并输出到屏幕上。

【运行效果】 编译并执行程序后，输入数字 14 为 n 的值，最后输出结果如图 5.5 所示。

图 5.5　打印 0 ~ 14 之间的单数

5.3 用for语句实现循环

很多时候循环条件的变化总是有一定规律性的，所以人们总是把对循环条件进行初始值设定、起止判断条件和改变循环条件放在一起。这样既便于管理和控制，也能使程序员一目了然地知道当前的循环语句在什么条件下开始执行，什么条件下结束循环跳出。

在 C 语言中，for 循环语句就能实现这样的功能，而且 for 语句是循环语句中最常用到、形式最多、功能最强的。

5.3.1　for循环的结构与功能介绍

for 循环语句与前面的循环语句有所不同，其有几种格式结构，但也有一个标准的格式，如下所示：

```
for(表达式1;表达式2;表达式3)
{
    循环体
}
```

其中，for 是关键字，表明这是一个 for 循环语句。各表达式中间用分号"；"分隔。一般情况下，表达式 1 是对循环条件进行初始值设置；表达式 2 是对循环终止条件进行判断，如该表达式的值为真，则执行循环体，否则退出整个循环；表达式 3 是对循环条件的值进行改变，即为循环变量增加或者减少运算。而"循环体"则可以是一条简单的语句，也可以由复合语句所组成。

for 循环语句的执行流程如图 5.6 所示。for 循环语句的执行流程为：

① 计算表达式 1 的值，一般是赋值、初始化或者为空表达式。

图 5.6　for 循环语句的执行流程

② 计算表达式 2 的值，判断是否执行循环体，如果其值为 0，则退出循环，执行循环后的语句，否则执行一次循环体。

③ 计算表达式 3 的值，即改变循环变量的值。

④ 回到第 2 步执行。

由前面的 for 语句执行流程可以看出，其实 for 循环也可以用 while 循环来替代，因为 for 循环语句中表达式 1 只计算一次，可以放在 while 循环体外面，而表达式 3 每执行完循环体后计算一次，可以放在循环体中，表达式 2 变成 while 循环的条件，于是 for 循环语句可以变为 while 语句的如下格式：

```
表达式1；
while（表达式2）
{
        语句
        表达式3；
}
```

5.3.2　使用for循环的程序实例

【实例 5.4】　利用 for 循环语句求 1 ～ 100（不含 100）中全部正整数相加的结果，并输出到屏幕上。如示例代码 5.4 所示。

示例代码5.4　用for循环语句求1～100中全部正整数相加的结果

```
01 #include "stdio.h"                      /*包含系统函数头文件*/
02
03 main( )                                 /*主函数*/
04 {
05     int sum = 0;                        /*初始化累加变量值*/
06     int i =0;
07     for(i=1; i<100; i++)                /*for循环语句*/
08     {
09         sum += i;                       /*累加i的值*/
10     }
11     printf("sum = %d\n", sum);          /*输出结果*/
12     getch( );
13 }
```

【代码解析】　代码第 7 ～ 10 行，是利用 for 循环语句来寻找 1 ～ 100 中的每个整数，然后进行累加。其执行顺序如下：

① 初始化变量 i 的值为 1。

② 判断 i 的值是否小于 100。如果小于，执行第 3 步；如果不小于，则跳出整个循环，执行第 11 行代码。

③ 把 i 的值与 sum 的值相加，并保存到 sum 变量中。

④ 执行 i++，使 i 的值增加，转到第 2 步执行。

代码第 11 行是输出结果值到屏幕上。

sum = 4950

【运行效果】　编译并执行程序后，最后输出结果如图 5.7 所示。　图5.7　for语句求 1 ～ 100
其与示例代码 5.1 中最后输出的结果是一样的。　　　　　　　　　　　累加结果

5.3.3　for循环的几种不同的格式

除标准格式外，由于 for 循环语句中各个表达式可以省略一个、两个甚至全部，所以这里笔者只列举出几种 for 循环语句常见的省略格式。

（1）省略表达式 1 的 for 语句

省略表达式 1 的 for 语句，必须在 for 语句之前给循环变量赋初值，但格式中分号不能省略。格式如下所示：

```
for(;表达式2;表达式3)
{
        循环体
}
```

【实例 5.5】　利用 for 循环语句（省略表达式 1）求 1 ～ 100 中的整数相加的结果，如示例代码 5.5 所示。

示例代码5.5　省略表达式1的for循环语句

```
01 #include "stdio.h"                         /*包含系统函数头文件*/
02
03 main( )                                    /*主函数*/
04 {
05      int sum = 0;                          /* 初始化累加变量值*/
06      int i =0;                             /* 初始化循环变量值*/
07      for(; i<100; i++)                     /*for循环语句*/
08      {
09          sum += i;                         /* 累加i的值*/
10      }
11      printf("sum = %d\n", sum);            /*输出结果值*/
12      getch( );
13 }
```

【代码解析】　代码第 7 行的 for 循环语句，省略了表达式 1，所以不能进行循环变量 i 的初始化工作，而是在代码第 6 行进行初始化的，其数值是 0。这与前面示例代码 5.4 是有所不同的（在 for 语句中被初始为 1），只是多循环一次，并不影响结果值。

【运行效果】　编译并执行程序后，最后输出结果与图 5.7 相同。

（2）省略表达式 1 和 3 的 for 语句

省略表达式 1 和 3 的 for 语句就相当于 while 语句。其格式如下所示：

```
for(;表达式2;)
{
        循环体
}
```

【实例 5.6】　利用 for 循环语句（省略其中表达式 1 和 3）求 1 ～ 100 中的整数相加的结果，如示例代码 5.6 所示。

示例代码5.6　省略表达式1和3的for循环语句

```
01 #include "stdio.h"                         /*包含系统函数头文件*/
02
03 main( )                                    /*主函数*/
```

```
04  {
05      int sum = 0;                                /*初始化累加变量值*/
06      int i =0;                                   /*初始化循环变量值*/
07      for(; i<100;)                               /*for循环语句*/
08      {
09          sum += i;                               /*累加 i 的值*/
10                  i++;                            /*增加循环变量的值*/
11      }
12      printf("sum = %d\n", sum);                  /*输出结果值*/
13      getch( );
14  }
```

【代码解析】 代码第 6 行是进行循环变量初始化的工作。第 7 行的 for 循环语句，省略了表达式 1 和 3，只保留了表达式 2。相当于

```
while(i<100)                                    /*与for(;i<100;)功能相同*/
```

当程序执行到这里时，其流程如下：

① 省略表达式 1，直接转第 2 步。

② 判断循环变量 i 的值是否小于 100，如果小于，执行第 3 步；如果不小于，则跳出整个循环。

③ 执行循环体中语句，即代码第 9 行和第 10 行。第 10 行是将循环变量的值 i 增加。

④ 转到第 2 步继续执行。

【运行效果】 编译并执行程序后，最后输出结果与图 5.7 相同。

（3）省略表达式 2 和全部表达式的 for 语句

省略表达式 2 的 for 语句格式如下：

```
for(表达式1;;表达式2)
{
        循环体
}
```

省略全部表达式的 for 语句格式如下：

```
for(;;)
{
        循环体
}
```

这两种 for 语句，都不判断循环终止条件，表达式的值恒为真。这就要求循环体中一定要有能跳出循环的语句（将在 5.4 节进行介绍），否则程序将无终止地循环执行下去。其与 while（1）具有同样的功能。但由于从格式上看，省略全部表达式的 for 语句更醒目，所以，很多程序员喜欢用 for 语句来表示无限循环。

5.3.4 在for语句中添加逗号运算符

由于 for 语句的使用灵活性，所以在使用 for 语句时，常常还可以在 for 语句中添加逗号运算符。逗号运算符可以将多个表达式连接起来组成一个表达式。一般情况下，会在表达式 1 和表达式 3 中使用逗号表达式。

【实例 5.7】 某菲波那契（Fabonacci）数列的前 2 个数为 1，1。求其后的 20 个数（所谓菲波那契数列是指数列中前面相邻两项之和，构成了后一项。例如：1，1，2，3，5 就是一

个菲波那契数列的前 5 项），并把这个包含 20 项的菲波那契数列中的每个数，按 5 个一行打印出来。如示例代码 5.7 所示。

示例代码5.7　求菲波那契数列前20个数

```
01  #include "stdio.h"                              /*包含系统函数头文件*/
02
03  int main( )                          /*主函数*/
04  {
05      int a = 1;                                  /*初始化数列前2项值*/
06      int b = 1;
07      int c,i,n;
08      printf("%10d%10d", a,b);                    /*输出前2项*/
09      for(n=3,i=3;i<=20;i++,n++)       /*由逗号表达式组成的for语句*/
10      {
11          c = a+b;                     /*计算前2项之和*/
12          printf("%10d", c);
13          if(n%5==0)                   /*当输出5个数后,输出换行*/
14          {
15              printf("\n");            /*输出换行符*/
16          }
17          a = b;                       /*把数列向后移项*/
18          b = c;
19      }
20      getch( );                        /*暂停*/
21      return 0;                        /*返回*/
22  }                                    /*主函数完*/
```

【代码解析】 代码第 9 行，是 for 语句，其表达式 1 是逗号表达式，对两个变量 i 和 n 的值进行初始化。表达式 3 也是一个逗号表达式，是对两个变量 i 和 n 的值进行改变（类似的用法在实际中会常常遇到）。代码第 13 ～ 16 行，是计量输出个数的值达到 5 后，就输出一个换行符，这样输出的数字就会是格式化的，比较好看和清晰。

【运行效果】 编译并执行程序后，最后输出结果如图 5.8 所示。

图5.8　菲波那契数列前20个数

注意：逗号运算符是从左到右计算，但结果的类型和值是右操作数的类型和值。

5.4　高级流程控制语句

循环语句是不是只能在循环条件为假的情况下才能退出循环呢？答案是否定的。其实在 C 语言中，还有三种高级流程控制语句起到 JUMP 的作用，用于对程序流程走向进行控制。

5.4.1　用goto语句在程序中任意跳转

在 C 语言中最为灵活的语句莫过于 goto 语句，这个语句从英文字义上就可以看出，其就是能够在程序中任意跳转执行的语句。但是，在结构化程序中却不提倡使用 goto 语句，这是因为 goto 语句任意跳转会破坏程序代码的结构性。

goto 语句的一般格式是：

goto 标号;

其中，goto 是语句的关键字，表明这是一个跳转语句，而标号的作用是指定需要跳转到的程序代码位置。标号同变量名一样，用标识符来表示，不同的是其后必须加上一个冒号"："来定义。标号要加到想用 goto 语句跳转去执行的语句前面。

goto 语句一般使用在多重循环嵌套（将在下一节介绍）的最内层一下跳转到最外层的地方。当然也可以直接写在代码中，但这样做意义不大。

【实例 5.8】　使用 goto 语句进行程序跳转，改变程序执行流程，打印 2 行字符串。如示例代码 5.8 所示。

示例代码5.8　goto程序跳转

```
01 #include "stdio.h"                        /*包含系统函数头文件*/
02
03 int main( )                               /*主函数*/
04 {
05      printf("print first string\n");      /*打印一行字符串*/
06      goto label;                          /*跳转到label标号处*/
07      printf("Hello World\n");             /*打印一行字符串*/
08      printf("This is goto Test\n");       /*打印一行字符串*/
09 label:
10      printf("print second string\n");     /*打印一行字符串*/
11      getch( );                            /*暂停*/
12      return 0;                            /*返回*/
13 }                                         /*主函数完*/
```

【代码解析】　代码第 5 ~ 10 行，一共有 4 处打印字符串的地方，但由于代码第 6 行出现一个 goto 语句，所以当程序执行到这里时，自动跳转到后面第 9 行的 label 处，继续执行后面的代码，所以最后本程序只会打印 2 行字符串，而不是全部 4 行字符串。

【运行效果】　编译并执行程序后，最后输出结果如图 5.9 所示。

注意：goto 语句只能转到 goto 所在的函数内的标号上，不能转到函数外去。如果在程序中使用 goto 越多，那么程序也就变得越难以理解。所以，一般我们在非常小心的情况下，才会使用 goto 语句。这是软件开发的一个常识，望周知！

```
print first string
print second string
```

图5.9　打印两行字符串

5.4.2　用break语句中断循环

在循环语句中，有时候一些特殊情况需要直接退出循环语句。那么这种时候应该怎么办呢？在前面 4.4.2 节中已经介绍过 break 语句在开关语句 switch 中就能起到中断开关语句 switch 并执行后续语句的作用。其实，break 语句的功能不仅限于此，还可以在循环语句中，用来中断当前循环，跳出并执行循环体后面的语句。其格式如下：

```
break;
```

【实例 5.9】　利用 break 语句，只输出 1 ～ 1000 中前 30 个能够被 17 整除的数，如示例代码 5.9 所示。

示例代码5.9　只输出1～1000中前30个能够被17整除的数

```
01  #include "stdio.h"                         /*包含系统函数头文件*/
02
03  int main( )                                /*主函数*/
04  {
05      int i=0;                               /*初始化循环变量*/
06      int n=0;                               /*初始化计数变量*/
07      for(i=1; i<1000; i++)                  /*循环语句*/
08      {
09          if(i%17 == 0)                      /*判断当前数是否能被17整除*/
10          {
11              n++;                           /*计数器增加*/
12              printf("%6d ", i);             /*输出能够被17整除的数*/
13              if(n%10 == 0)                  /*当有10个数后，输出换行*/
14              {
15                  printf("\n");              /*输出换行*/
16              }
17              if(n%30 == 0)                  /*当输出30个数后*/
18              {
19                  break;                     /*跳出当前循环*/
20              }
21          }
22      }
23      printf("Loop end\n");                  /*循环结束后执行的语句*/
24      getch( );                              /*暂停*/
25      return 0;                              /*返回*/
26  }                                          /*主函数完*/
```

【代码解析】　代码第 9 行判断当前变量 i 的值是否能够被 17 整除，判断整除使用取余运算，当值正好是 17 的整数倍时，运算结果为 0，条件表达式为真。第 11 行计数器增加 1，表示找到一个可以被 17 整除的数。第 17 行当找到第 30 个可以被 17 整除的数时，进入 if 语句中执行 break 语句，提前中断执行 for 循环语句。

【运行效果】　编译并执行程序后，从最后的输出可以看出当前变量 i 值只是 510，而不是 1000，并不满足循环终止条件，但因为使用了 break 语句，所以可以中断当前循环语句。输出结果如图 5.10 所示。

图 5.10　只输出 1 ～ 1000 中前 30 个能够被 17 整除的数

注意：break 语句不能用于循环语句和 switch 语句外的任何其他语句之中。

5.4.3 用 continue 语句跳出当前循环

C 语言的高级流程控制语句中，除了 break 外，还有一种流程控制语句——continue，其作用是跳过循环体中 continue 下面尚未执行的语句，直接进行下一次循环条件的判定。即只结束本次循环。其格式如下：

```
continue;
```

【实例 5.10】 利用 continue 语句，输出 1 ～ 100 中不能够被 7 整除的数，其如示例代码 5.10 所示。

示例代码5.10　输出1～100中不能够被7整除的数

```
01  #include "stdio.h"                        /* 包含系统函数头文件 */
02
03  int main( )                               /* 主函数 */
04  {
05      int i = 0;                            /* 初始化循环变量 */
06      int n = 0;                            /* 初始化计数器 */
07      for(i=1;i<100;i++)                    /* 循环语句 */
08      {
09          if(i%7==0)                        /* 当 i 的值整除 7 时 */
10          {
11              continue;                     /* 中止当次循环 */
12          }
13          n++;                              /* 计数器增加 */
14          printf("%6d ",i);                 /* 输出当前 i 的数值 */
15          if(n%5 == 0)
16          {
17              printf("\n");                 /* 每 5 个输出换行 */
18          }
19      }
20      printf("Loop End\n");                 /* 循环结束后，执行语句 */
21      getch( );                             /* 暂停 */
22      return 0;                             /* 返回 */
23  }                                         /* 主函数完 */
```

【代码解析】 代码第 9 行，当变量 i 的值能被 7 整除时，进入 if，执行第 11 行 continue 语句，这时，程序会马上结束本次循环 [这里要注意是本次循环，而不是整个循环 (即跳过后面的第 13 ～ 18 行代码的执行)]，回转到第 7 行的 for 语句中的表达式 2 执行。如果不能被整除时，不进入 if 语句，直接执行第 13 ～ 18 行代码，输入变量 i 的值，并且每输出 5 个，就输出一个换行符。

【运行效果】 编译并执行程序后，输出结果如图 5.11 所示。从图中可以看出，只要是 1 ～ 100 中是 7 的倍数的数值都没有被输出。但整个 1 ～ 100 的循环是执行完成的。

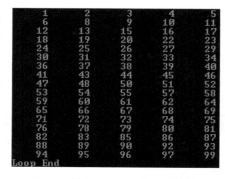

图5.11　输出 1 ～ 100 中不能够被 7 整除的数

continue 和 break 语句是有区别的：continue 语句只跳过循环体中剩下的语句，直接进入循环判定，而不是终止整个循环的执行。而 break 语句是结束循环体，不再进行循环判定，终止整个循环的执行。如下列的循环语句中包含两种不同的转向语句，其转向流程也是不同的。

① while 循环中包含的 continue 语句，代码如下：

```
while (表达式1)
{
    ...
    if (表达式2)
    {
        continue;                                /*continue语句*/
    }
    ...
}
```

② while 循环语句中包含的 break 语句，代码如下：

```
while (表达式1)
{
    ...
    if (表达式2)
    {
        break;                                   /*break语句*/
    }
    ...
}
```

这两段代码的流程如图 5.12 所示。请注意图中表达式 2 为真时，整个流程的转向。

图 5.12　两种不同的转向语句流程

5.5 各种循环语句的嵌套使用

　　前面介绍所有循环语句，都可以在循环体中包含另外一个循环语句，而且在内嵌的循环中，还可以再包含另一个循环语句，构成多层循环结构，这种结构被称为循环语句的嵌套。不过要注意的是，无论是哪种循环语句的嵌套，内嵌的循环都必须是一个完整的循环语句。

　　循环语句的嵌套形式与实例可扫码阅读。

第6章
用函数把程序分块

在前面的章节中，介绍的都是只有一个函数的 C 语言程序，这些程序大都比较简单。但在现实之中较大的程序一般由很多个程序模块所组成，每一个模块用来实现一个特定的功能。这种程序模块被称为子程序，而 C 语言就用函数来实现子程序。

在本章中，将详细介绍 C 语言中的函数、函数的使用及如何将函数结合起来的方法。

6.1 函数的概念

6.1.1 明白什么是函数

假设你是一位小老板，每天都需要去和各种各样的公司客户进行沟通、送资料和签合同等。但随着公司的市场越来越大，就不可能亲自去和所有客户进行沟通了。这个时候就得找一些经理来帮你做，只要最后把合同拿回来就行了。

本来与客户沟通、送资料和签合同这些事情是由你来做的，但现在这些任务分派给了经理，由其再与客户进行沟通并签合同。实际上其究竟是怎么与客户进行沟通的，对你来说是不可见的。而对方的经理又是如何审查和签合同的，对你方的经理来说，也是不可见的。所知道的一切只不过是当你把任务分派给经理后，经理最后返回的结果。这些处理问题的经理在 C 语言程序中就被称为"函数"，每个函数怎样实现功能对其外部来说都是不可见的。

函数是由能完成特定功能的独立程序代码块组成的，可与其他函数结合起来产生最终的输出，函数内部的实现对程序的其他部分是不可见的。现在读者应该清楚函数的概念了吧！

6.1.2 使用函数的好处

函数封闭了一些程序代码和数据，实现了更高级的数据抽象。在程序设计中，常常把程序分成多个函数（子程序）来实现。这样做不仅可以封装或隐藏具体实现的细节问题，实现更高级的抽象，让使用者的精力集中在函数的接口外面，而且还实现了参数化和结构化。因此函数抽象的实现，具有有利于数据共享、节省开发时间、增强程序的可靠性和便于管理等优点。

6.1.3 main（）函数的概念及用途

应用程序除了拥有很多功能性子函数外，还必须有一个总的函数来管理和分派任务给子

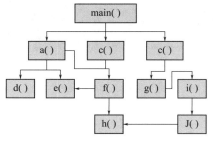

图6.1 函数调用示意图

函数。在所有 C 语言程序中都包含一个叫作 main（）的主函数，其就是程序中的总函数，是所有 C 语言程序的一个集中入口点。

一个 C 语言程序是由一个主函数 main（）和其他若干个子函数组成的。由主函数调用其他函数，其他函数再互相调用，其函数调用（将在 6.3 节进行介绍）示意图如图 6.1 所示。

注意：同一个函数可以被一个或者多个函数调用任意多次，但主函数 main（）是不能被其他函数调用的。

6.2 函数的定义

6.2.1 自己定义一个函数

在介绍如何定义一个 C 语言中的函数之前，先来看一个示例程序。

【实例 6.1】 打印如图 6.2 所示的字符图形到屏幕上。如示例代码 6.1 所示。

图6.2 指定打印出来的字符图形

示例代码6.1 打印如图6.2所示的字符图形到屏幕上

```
01 #include "stdio.h"                          /*包含系统函数头文件*/
02
03 int main( )                                 /*主函数*/
04 {
05     printf("*******************************\n");/*打印星号*/
06     printf("This is C Program\n");           /*打印字符串*/
```

```
07      printf("*****************************\n");/*打印星号*/
08      printf("Hello World\n");
09      printf("*****************************\n");/*打印星号*/
10      getch( );                                    /*暂停*/
11      return 0;                                     /*返回*/
12  }                                                 /*主函数完*/
```

【代码解析】 代码第 5 ~ 9 行，就是实现打印指定字符图形的功能。

【运行效果】 编译并运行程序后，其结果如图 6.2 所示。

示例代码 6.1 虽然能够实现打印字符图形的功能，但其中有两部分的代码是重复的（即打印星号行），增加了代码占用的电脑内存。而如果面对的是需要打印几百行星号，那么是不是每一行都要在主函数中一一实现呢？显然这样也不利于节省开发时间。所以 C 语言中引入函数来解决代码重复利用的问题，以节省开发时间。

在 C 语言中定义一个无参函数的格式如下：

函数类型　函数名( )
{
　　函数实现
}

其中，函数类型定义了函数处理完成后，返回值的结果类型；函数名，是由合法标识符所组成的函数的名称，类似于变量名。但要注意，函数名后必须有圆括号"( )"才能表明这是一个函数；函数实现和循环体相同，可以是单一语句，也可以由单一语句组成复合语句。

【实例 6.2】 打印如图 6.2 所示的字符图形到屏幕上，但采用函数形式，其如示例代码 6.2 所示。

示例代码6.2　用函数打印如图6.2所示的字符图形到屏幕上

```
01  #include "stdio.h"                              /*包含系统函数头文件*/
02
03  void printstar( )                               /*定义打印星号函数*/
04  {
05      printf("****************************\n");
06  }
07
08  int main( )                        /*主函数*/
09  {
10      printstar( );                               /*调用打印星号函数*/
11      printf("This is C Program\n");
12      printstar( );                               /*调用打印星号函数*/
13      printf("Hello World\n");
14      printstar( );                               /*调用打印星号函数*/
15      getch( );                                   /*暂停*/
16      return 0;                                    /*返回*/
17  }                                                /*主函数完*/
```

【代码解析】 代码第 3 ~ 6 行，就是将示例代码 6.1 中的打印星号这个功能变成一个独立的函数，函数名为 printstar（ ）。代码第 10、12、14 行分别调用了打印星号函数来打印星号行。

【运行效果】 编译并运行程序后，其结果还是与图 6.2 相同。

正因为 C 语言中有了函数这种抽象，就可以使得用户只关心一个函数是做什么的，即函数的功能，例如：printstar（）函数是打印星号行的，而不用去关心函数内部是如何实现的。这样不仅解决重复代码利用的问题，而且还提高了程序的可靠性和开发效率。

注意：一般函数的命名最好做到"见其名便知意"。例如：前面所讲解的 printstar 函数名，看其名字就可以一眼就知道，是用于打印"*"的，也可以用 printStr 作为函数名，表示打印字符串等。

6.2.2 定义一个有参函数

除了无参函数外，C 语言中还可以定义有参函数，其格式如下：

```
函数类型　函数名(参数表)
{
    函数实现
}
```

其中，只是多了一个参数表。表中的参数可以是一个也可以是多个，但每个参数之间都必须用逗号分开。

下面列举了无参函数与有参函数的比较。

（1）无参函数

如前面的函数 printstar（）就是无参函数。在调用无参函数时，主调函数并不将数据传送给被调函数，一般用来执行指定的一组操作，如 printstar（）只是打印一行星号字符。无参函数可以有返回值，也可以没有返回值，但一般以无返回值的无参函数居多。void 放在参数表中表示函数无参数，比如 void printstar（void）。这是一个代码编写的好习惯，但其实是不加任何参数，与 void printstar（）表示的意思一样。本书为了不给读者增加阅读上的负担，前面的章节都没有在参数表中使用（void），后面为了让大家建立软件工程的常识，有一个代码编写的好习惯，慢慢开始使用（void）参数。

（2）有参函数

在调用函数时，在主调函数和被调函数之间有参数传递，主调函数可以把数据传给被调函数使用，被调函数中的数据也可以返回来给主调函数使用。

【实例 6.3】 定义一个求两个数中最小值的函数，然后将结果打印到屏幕上，如示例代码 6.3 所示。

示例代码6.3　求两个数中最小值

```
01 #include "stdio.h"                      /*包含系统函数头文件*/
02
03 void min(int x, int y)                   /*定义求最小值函数*/
04 {
05     int m = y;                          /*初始化变量值*/
06
07     if(x<y)                             /*比较最小值*/
08     {
09         m = x;
10     }
11     printf("min is %d\n", m);            /*输出最小值*/
```

```
12  }
13
14  int main( )                              /*主函数*/
15  {
16      int a, b;
17      printf("please input 2 num: ");        /*提示用户输入*/
18      scanf("%d %d", &a,&b);                 /*接收用户输入*/
19      min(a,b);                             /*调用求最小值函数*/
20      getch( );                            /*暂停*/
21      return 0;                            /*返回*/
22  }                                        /*主函数完*/
```

【代码解析】 代码第 3 ～ 12 行定义了一个有参函数，实现求两个数中最小值的功能。代码第 19 行，调用了求最小值函数，输出两个数中较小的那个数值。

【运行效果】 编译并运行程序后，输入 10 和 20，其结果如图 6.3 所示。

```
please input 2 num: 10 20
min is 10
```

图6.3　求两个数中最小值

注意：C 语言中规定，不能在一个函数的内部再定义一个函数，另外，在同一程序中函数名必须唯一。

6.2.3 函数的参数

在一般情况下调用函数时，主调函数和被调函数之间是有数据传递关系的。这就是前面所说的有参函数。在定义函数时，函数名后面的圆括号 "( )" 中的变量名被称为 "形式参数"，简称 "形参"。而在调用函数时，函数名后面的圆括号 "( )" 中的表达式的值称为 "实际参数"，简称 "实参"。图 6.4 就是实参与形参之间的值传递的关系。

以下是几点关于形参和实参的说明，请读者一定要记住。

$$min(a, b)$$
$$void\ min(x, y)$$

图6.4　实参与形参的传递

① 在定义和声明函数中指定的形参变量，在未被其他函数调用之前，其并不占用内存中的存储空间。只有函数被调用时，才会被分配内存空间。在调用结束后，形参变量所占用的空间也会被释放。如示例代码 6.3 中 min 的形参 x 和 y，在调用时才会分配空间。

② 实参可以是常量、变量或者表达式，不过其必须要有确定的值，在调用时才能将实参的值赋给形参变量。如示例代码 6.3 中调用 min 时的实参 a 和 b 就是变量，也有确定的值。

③ 在定义和声明函数中，必须指定形参的类型。

④ 实参和形参的数据类型应该一致。如代码 6.3 中实参 a、b 和形参 x、y 都是 int 型的，这才是合法的。但如果是不同数据类型，就会发生数据类型的转换，虽然编译时不会出错，但有可能导致数据丢失。

⑤ 函数中的参数列表可以是一个或者多个参数，多个参数中使用逗号进行分隔，但如果被调函数不需要从主调函数那里获得数据，则被调函数的参数列表应该为 "空"，可以用 "void" 来标示，也可以不用。例如：

```
void min(int x,int y);
void fun(int a, int b, int c, int d);
void fun1(void);
void fun2( );
```

注意：void 表示空或者无数值的意思。如果函数前没有函数类型，则 C 语言规定默认为

int 型的。

⑥ 实参和形参的个数应该一致。

⑦ 实参对形参变量的数据传递是"值传递"（将在 6.3 节中进行讲解），即单向传递，只由实参传给形参，而不能由形参传回给实参。

6.2.4 函数的返回值

在程序中，通过调用一个函数进行运算后，主调函数能得到一个确实的值，这就是函数的返回值。要获得函数的返回值，被调函数中必须有 return 语句。返回函数值的 return 语句有如下两种格式：

① 格式 1：包含表达式的返回。

```
return 表达式;
```

② 格式 2：不包含表达式的返回。

```
return;
```

一般，格式 1 用于带有返回值的被调用函数中，函数的返回值便是返回语句后面表达式的值。具有表达式的返回语句的实现过程如下：

① 先计算出表达式的值。

② 如果表达式值的类型与函数的类型不相同，则将表达式的类型自动转换为函数的类型，这种转换是强制性的，可能会出现数据丢失的情况。函数值的类型在定义函数时是指定的。例如：

```
int max(int x, int y);                      /*函数值为整型*/
char getchar( );                            /*函数值为字符型*/
float min(float a, float b);                /*函数值为单精度实数型*/
```

③ 将计算出的表达式的值返回给主调函数作为被调函数的值，该值可以赋值给变量，也可以直接使用。

④ 结束被调函数，并执行主调函数后面的语句。

【实例 6.4】 定义求解两个数中最小值的函数，并且使用有表达式的返回语句，其如示例代码 6.4 所示。

示例代码6.4　函数的返回值

```
01  #include "stdio.h"                          /*包含系统函数头文件*/
02
03  int min(int x, int y)                       /*定义min函数，其返回值类型为int*/
04  {
05      return(x<y?x:y);                         /*返回小的一个数*/
06  }
07
08  int main( )                                 /*主函数*/
09  {
10      int a,b,c;                              /*定义变量*/
11      printf("please input 2 num: ");
12      scanf("%d %d",&a,&b);
13      c = min(a,b);                           /*调用min函数，并得到返回值放入c*/
```

```
14        printf("%d and %d min is %d\n", a,b,c);
15        getch( );                              /*暂停*/
16        return 0;                              /*返回*/
17    }                                          /*主函数完*/
```

【代码解析】 在代码的第 3 ～ 6 行定义函数返回值为 int 型的函数 min，在第 13 行调用了函数 min，通过运算后，min 把结果返回给主调函数，并存入变量 c 中。函数的返回值是通过函数中的 return 语句获得的。return 语句将被调用函数中的一个确定值带回主调函数中去。其传递关系如图 6.5 所示。

从图 6.5 中可以看出，变量 c 最后存放的是表达式（x>y?x : y）的值，即两个数中最小数的值。

【运行效果】 编译并运行程序后，输入 333 和 555，其结果如图 6.6 所示。

图 6.5 return 语句返回函数值

图 6.6 函数的返回值结果

使用无表达式的返回语句格式 2 时，只是结束当前被调函数，然后才能执行主调函数后面的语句。为了明确表示函数没有返回值，必须用"void"把函数定义为"无类型返回"。

"void"类型的函数中可以有无表达式的 return 返回语句，也可以没有 return 语句，当函数中没有 return 语句时，执行到函数体最后一条语句，返回主调函数，相当于函数体的右括号"}"有返回的功能。例如：

```
void min(int x,int y)
{
    …
    return;
}
void fun(int a, int b, int c, int d)
{ … }
```

注意：函数中可以有多个 return 语句，多数是出现在 if 语句中，当程序执行到这里时，就结束被调函数，并返回主调函数。

6.2.5 空函数

当函数实现是由 0 条语句表达式组成的时候，这个函数被称为空函数。而空函数并不是没有意义的。虽然调用此函数时，什么工作也不做，但其是为将来扩充功能做准备的。在程序设计之初，不可能所有的函数都是已经写好的，所以在需要扩充的地方写上一个空函数，先占好位置，等以后用编好的函数代替。这样做可以使程序结构清楚，可读性好，扩充也方便，对程序结果影响不大。例如：mySleep（ ）就是一个空函数。

```
void mySleep( )
{
}
```

注意：无论函数体内有多少条语句，花括号是不可省略的。

6.3 函数的调用原理与声明

一个函数在定义以后，如何才能使用？这就是本节所要介绍的函数调用原理。在前面的示例中，已经遇到过很多函数的调用。

6.3.1 函数的声明

对函数的声明是用来指明函数的名字，方便该函数将在以后的程序体中调用和定义。在 C 语言中规定函数和变量有一些性质是一样的，如果一个函数定义在前，调用在后，调用之前可以不必说明。但如果一个函数定义在后，调用在前，那么调用之前就必须先声明（函数原型）。

按照上述规定，凡是被调用的函数都在调用之前定义时，可以不对函数进行声明。但这样做要在程序中安排函数的顺序上费一些精力，在复杂的调用中，一定要考虑好谁先谁后，否则将发生错误。

注意：如果函数声明与函数定义不一致，将会导致编译错误。

一般情况下，为了避免确定函数定义的顺序，并且使得程序设计上逻辑结构的清楚，常常将主函数放在程序头，并在主函数之前对被调用函数进行声明。函数的声明格式如下：

数据类型 函数名 (参数表)；

显然，这种声明的格式和定义函数时的函数头差不多，但需要注意声明最后有一个";"，声明里包括了函数的类型、函数名以及参数表（也可以省略）。包含用来详细说明函数的功能代码（即函数体）的叫函数定义，不包含的叫函数声明。例如：

```
int fun1( );                              /*函数的声明*/
int fun1( ) {…}                           /*函数的定义*/
```

【实例 6.5】 编写一个求圆面积的函数，要求输入圆的半径就能得到圆的面积，最后输出圆的面积值，如示例代码 6.5 所示。

示例代码6.5　声明并定义一个求圆面积的函数

```
01 #include "stdio.h"                     /*包含系统函数头文件*/
02
03 float getarea(float r);                /*声明求圆面积函数*/
04
05 int main( )                            /*主函数*/
06 {
07     float area, r;                     /*定义变量*/
08     printf("please input r:");
09     scanf("%f", &r);
10     area = getarea(r);                 /*调用求圆面积函数*/
11     printf("area = %f\n", area);
12     getch( );                          /*暂停*/
13     return 0;                          /*返回*/
14 }                                      /*主函数完*/
15
```

```
16 float getarea(float r)                    /*定义求圆面积函数*/
17 {
18     float pi = 3.14;                      /*定义pi的值*/
19     return  pi*r*r;
20 }
```

【代码解析】 代码第3行是对求圆面积函数进行声明，如果没有这一行代码，那么本程序在编译时就会产生错误。读者可以自己试一试。

【运行效果】 编译并运行程序后，输入5.5，其结果如图6.7所示。

注意：函数声明以分号结尾，而位于函数定义头部的函数名却不以分号作为结尾。

图6.7　输入半径后得到的圆的面积

6.3.2　函数调用表达式

函数的调用是用函数调用表达式来进行的。一般调用表达式格式如下：

函数名(实参表)；

其中，实参表是由0个、1个或者多个实参组成的，多个参数之间用逗号隔开，每一个参数可以是变量，也可以是表达式。但实参的个数是由形参的个数决定的。实参在调用函数时给形参进行初始化，所以实参的个数和类型要和形参的个数和类型一致。实参对形参初始化是按其位置对应进行，即实参表的第一实参值赋给形参表第一个形参，第二个实参值赋给第二个形参，依此类推。

函数的调用是一种特殊的表达式，函数名后的圆括号可以理解为函数调用运算符。函数调用表达式的值就是前面讲到的return语句的返回值。表达式值的数据类型是函数的数据类型。

注意，函数调用表达式最后还有一个分号";"。

6.3.3　函数调用的方式

其实函数的调用除了采用前面介绍的函数调用表达式外，还有另外两种方式，如下所示：

① 函数调用表达式出现在另外一个表达式中。函数表达式的值作为一个确定的值参与另一个表达式的运算。

【实例6.6】 定义一个求和功能函数，这个函数调用表达式出现在另外一个表达式中。如示例代码6.6所示。

示例代码6.6　函数调用表达式出现在另外一个表达式中

```
01 #include "stdio.h"                        /*插入系统函数声明头文件*/

02 int add(int x, int y);                    /*声明求和函数*/
03 int main( )                               /*主函数*/
04 {
05     int t = 10+add(10, 30);               /*函数add是表达式的一部分*/
06     printf("t=%d\n", t);
07     getch( );
08     return 0;
09 }
```

```
10  int add(int x, int y)                    /*求和函数定义*/
11  {
12         return x+y;
13  }
```

【代码解析】 代码第 5 行，函数 add（）是表达式的一部分，运算顺序是先计算函数 add（）的返回值，即 40，然后加上 10，最后赋值给变量 t，其数值为 50。

【运行效果】 编译并执行程序后，其结果如图 6.8 所示。

图 6.8　函数调用表达式出现
在另外一个表达式中结果

② 函数调用表达式作为另一个函数调用的实参也是可以的，因为函数的参数本来就可以接受表达式形式。

【实例 6.7】 仍然是使用示例代码 6.6 的求和函数，只是调用方式不同。如示例代码 6.7 所示。

示例代码6.7　函数调用表达式作为另一个函数调用的实参

```
01  #include "stdio.h"                       /*插入系统函数声明头文件*/
02
03  int add(int x, int y);                   /*声明求和函数*/
04  int main( )                              /*主函数*/
05  {
06         int t = add(20,add(10, 30));      /*函数add的参数又是函数add的返回值*/
07         printf("t=%d\n", t);
08         getch( );
09         return 0;
10  }
11  int add(int x, int y)                    /*求和函数定义*/
12  {
13         return x+y;
14  }
```

【代码解析】 代码第 5 行的 add（20，30）是一个函数调用，其返回值作为第 1 个 add 函数的实参。变量 t 的值是 20+30+10 的和，即 60。

【运行效果】 编译并执行程序后，其结果如图 6.9 所示。

注意：调用函数时，函数名必须与所调用函数的名字完全一致才能调用。

图 6.9　函数调用表达式作为
另一个函数调用的实参结果

6.3.4　不加（）的函数调用会出现什么

函数调用的时候，经常会有两种错误。

① 一种是函数名字写错了。比如你调用一个 sayHello（）函数，少写了个别字母，写成 sayHelo（）了，编译的时候，编译器会提醒你："error C2065：'sayHelo'：undeclared identifier"，没有定义或声明的标识符，意思是没有发现这个标识符，提醒你书写错误。注意，这是一个错误提醒，系统会停下来。但是，如果你写错了函数的名字，刚好代码中还定义了这个 sayHelo（）函数，编译器是不会认为你写错了，直接调用你写错的 sayHelo（）函数了。所以，我们在定义各种函数，给函数起名字的时候，一定要区别开来，至少好几个字母不相同，有些初学者，特别喜欢用 print1（）、print2（）、…、print9（）函数来表示显示

不同的提示，这种做法，就很容易出问题。建议一开始就养成好习惯。

②　另外一种情况是忘了给函数名后面加上参数，或者直接（ ）都忘了写。系统只给一个警告："warning C4551: function call missing argument list"。但是程序还是可以执行的，以默认参数值来执行，大多数时候，执行的结果不是你想要的。所以，从一开始，就要养成仔细的习惯，函数调用的时候，千万记得把参数给出来，把（ ）加上。这里，我们也是想说明，C 编译器的警告和错误级别是一样的，但你也不要忽视各种警告，除非，你对这个警告的原因非常清楚。

6.3.5　嵌套调用

虽然在 C 语言中规定，所有的函数的定义都是平行、独立的，一个函数内部不能再包含其他函数的定义，但可以嵌套调用函数。即在调用 A 函数的过程中，可以调用 B 函数，在调用 B 函数的过程中，又可以调用 C 函数……当 C 函数调用结束后，返回 B 函数执行，当 B 函数调用结束后，返回到 A 函数执行。

【实例6.8】　简单的两重函数嵌套调用：输出两段字符串到屏幕上，如示例代码6.8所示。

示例代码6.8　简单的函数嵌套调用输出两段字符串到屏幕

```
01 #include "stdio.h"                         /*包含系统函数头文件*/
02
03 void dispstr_1( );                          /*声明第一段字符串函数*/
04 void dispstr_2( );                          /*声明第二段字符串函数*/
05
06 int main( )                                  /*主函数*/
07 {
08     dispstr_1( );                            /*调用显示第一段字符串函数*/
09     getch( );                                /*暂停*/
10     return 0;                                /*返回*/
11 }                                            /*主函数完*/
12
13 void dispstr_1( )                            /*定义打印第一段字符串函数*/
14 {
15     printf("this is first string!\n");
16
17     dispstr_2( );                            /*嵌套调用打印第二段字符串函数*/
18 }
19
20 void dispstr_2( )                            /*定义打印第二段字符串函数*/
21 {
22     printf("this is second string!\n");
23 }
```

【代码解析】　代码第 8 行在主函数中调用了 dispstr_1（ ）函数，然后在函数 dispstr_1（ ）中嵌套调用了 dispstr_2（ ）函数。这种调用关系就是函数的嵌套调用。其调用过程如图 6.10 所示。图中的 1，2，…，9 表示嵌套调用的执行过程。

【运行效果】　编译并执行程序后，其结果如图 6.11 所示。

图6.10 两重嵌套调用过程

图6.11 简单的函数嵌套调用输出结果

6.4 递归函数

C语言中还有一种特殊的函数，就是提高代码的可读性，使代码看起来简洁的递归函数。所谓递归函数，是指调用一个函数的过程中直接地或者间接地调用该函数自身。在调用 fun1（ ）函数的过程，又调用了 fun1（ ）函数，这种调用被称为直接递归调用。例如：

```
fun1(x)
{
    …
    fun1(x);
}
```

而在调用 fun1（ ）函数的过程中，调用了 fun2（ ）函数，而在调用 fun2（ ）函数的过程中又调用了 fun1（ ）函数，这种调用被称为间接递归调用。例如：

```
fun1(x)
{
    …
    fun2(x);
}
fun2(x)
{
    …
    fun1(x);
}
```

在实际生活中，有许多问题可以采用递归调用来解决，例如：求一个正整数 4 的阶乘的问题，即 4!。其可以分解为 $4 \times 3!$，而 3! 可以分解为 $3 \times 2!$，而 2！可以分解为 $2 \times 1!$，而 1! 分析为 $1 \times 0!$，0! 等于 1。所以 4! 为 $4 \times 3 \times 2 \times 1 \times 1 = 24$。这就是一个简单的用递归调用解决问题的例子。

可以使用递归调用解决的问题有这样共同的特征：原有的问题可以分解为一个新的问题，而新问题又是用到原有的问题的解法。

递归的目的是简化程序设计，使程序易读，但递归增加了系统开销。时间上，执行调用与返回的额外工作要占用 CPU 时间。空间上，随着每递归一次，栈内存就多占用一截。相应的非递归函数虽然效率高，但比较难编程，而且相对来说可读性差。现代程序设计的目标主要是可读性好。随着计算机硬件性能的不断提高，程序在更多的场合优先考虑可读而不是高效，所以，鼓励用递归函数实现程序思想。

递归调用解决问题的过程分为两个阶段：

①"递推"阶段：将原有问题不断地分解为新子问题，把问题从未知向已知方向递推，最终使子问题变成有已知的解，即到达递归结束条件，递推阶段结束。

②"回归"阶段：从已知的条件出发，使用逐一求值回归的方法，最后到达递推的开始处，结束回归阶段，完成递归调用。

下面以求 3! 为例，用图展示出递归的全过程，如图 6.12 所示。

图6.12 求3!的递归调用过程

从图 6.12 可以看到，每递推一次得到的新问题仍是原来的求阶乘问题，但是求阶乘的数变小了，直到求 0!，而 0! 是已知解，即值为 1，这就是递推的结束条件。进入回归阶段，用已知解 0! 的值 1，依次去求出 1!、2!、3! 和值，最后得到 3!=6。于是求 3! 的问题得到一个解，即 3!=6。

像这样一个递归调用，就是有意义的有限递归调用，也只有有限递归调用才是有意义的，无限递归调用在实际中是没有用处的。因为无限递归调用只会使内存空间全部被消耗完，最后造成程序崩溃而已。

关于递归的概念，可能有些初学者还是感到不好理解，下面再用两段实例代码来说明。

【实例 6.9】 用递归调用求任意输入的两个正整数的最大公约数，如示例代码 6.9 所示。

示例代码6.9 求两个数的最大公约数

```
01 #include "stdio.h"                          /*插入包含系统函数声明的头文件*/
02
03 int gcdt(int x, int y);                      /*求最大公约数函数*/
04
05 int main( )                                  /*主函数*/
06 {
07     int a,b,n;                               /*初始化变量*/
08     printf("please input 2 num: ");
09     scanf("%d %d", &a,&b);
10     n = gcdt(a, b);                          /*调用最大公约数函数*/
11     printf("%d, %d gcdt = %d\n", a, b, n);
12     getch( );
13     return 0;
14 }
15 int gcdt(int x,int y)                        /*求最大公约数的递归函数*/
16 {
17     if(x%y==0)
18     {
19         return y;
20     }
21     return gcdt(y,x%y);                      /*调用函数自身，形成递归调用*/
22 }
```

【代码解析】 代码第 15 ~ 22 行定义了递归函数 gcdt（）来求两个数的最大公约数。其中，第 21 行是调用函数自身，形成了直接递归调用。

用递归法求最大公约数的算法分为如下 4 步：

① 用操作数 1 对操作数 2 取余，得到余数 1。判断这个余数如果为 0，则操作数 2 为最大公约数。否则转第 2 步。

② 用操作数 2 继续对余数 1 取余，得到余数 2，如果其为 0，则余数 2 为两操作数的最大公约数。否则转第 3 步。

③ 用余数 1 继续对余数 2 取余，依次类推。

④ 最后用余数 n-1 对余数 n 取余，得到余数 n+1，则 n+1 等于 0 时，两个操作数最大公约数为余数 n。

图 6.13　求两个数的最大公约数输出结果

【运行效果】 编译并执行程序后，输入 120 和 64，其结果如图 6.13 所示。

6.5　变量的作用域和存储类别

6.6　内部函数与外部函数

扫码阅读6.5节、6.6节

第**7**章
数组

在前面的内容中，已经对 C 语言中所有的简单数据类型进行了介绍。其实 C 语言中还提供了另外的构造类型的数据，包括数组类型、结构体类型和共用体类型。构造类型数据是由基本类型数据按一定规则组成的。本章主要对其中的数组类型进行介绍。

7.1 数组的概念及内存占用

在程序设计中，有时候要用到很多数据，而数据总是存放在变量中的，那么就需要很多的变量。然而，变量多了就变得难以管理了。所以 C 语言就提供数组这样的一种构造类型的数据，来解决那些类型相同、应用环境接近的同一类数组，用来减少变量名过多的烦恼。

7.1.1 数组的概念

数组是有序数据的集合，是由合法的数据类型构成的线性数据序列。数组中的每个数据被称为数组元素，而数组中的每一个元素都属于同一个数据类型。用一个统一的数组名和下标来唯一地确定数组中的元素，例如：a[0]、a[1]、a[2]……也可以这样认为：数组是一组具有同一类型的变量，只是这些变量所占用的内存空间是连续的存储单元。

一般来说，我们用"int nArray[10]；""float fArray[1001]；"这种方法来定义数组，使用的时候，就用 fArray[1000] 这种数组名 + 具体位置的方式来使用就好了，不过需要记住的是，计算机世界里，习惯从 0 开始编号。

在 C 语言中，数组是一种十分有用的数据结构，许多的问题，如果不用数组几乎难以解决。

7.1.2 数组在内存中的存储

在继续学习之前，先要了解一下数组在电脑内部是如何存储的，主要有两点原因：

① 以便在使用指针（将在以后的章节学习）来存取数组元素时概念清晰。

② 新程序员常犯的错误之一就是不能正确地估计数据的大小。要么截去了数组中有意义的数值，要么覆盖掉程序的其他部分。

通过介绍，各位读者应该知道变量和数组都是放在电脑内存中的，有时候还能够听到内存地址（Address）这个词。那么地址究竟是什么意思呢？

其实在内存里，就像是一栋楼，有很多楼层，每层楼中的房间又按顺序编了号，于是在房子中，按楼层和房间的编号就能确定内存中唯一的一间房，在这里认为所有的数据在内存中都是放在房子里。电脑就是依照这个原理找到所要访问或修改的数据的。楼层号和房间的编号就称为这个房子的地址。

那么这些内存中的房子和前面所说的变量和数组是什么关系呢？在内存里的房子的大小是规定的，每间房子只能存储一个字节（Byte）的数据。有时候，一种类型的变量需要比较大的空间，比如一个浮点型的数据，一间房子是放不下的，而是需要 4 间房子的空间才能放得下。于是电脑就把空间上连起来的 4 间房子拼起来，每间房子放这个浮点型数据的一部分数据。而这连起来的 4 间房子，就构成了一个能够存放浮点型数据的变量。

同理，如果是一个有 5 个元素的浮点型数组，就需要 20 个字节的空间。现在来看看第 1 个例子：

```
int nArray[5];
```

假设在内存的起始地址是 20000，已知存放一个整型要占用 2 个字节，那么这个数组在内存中的存放方式如表 7.1 所示。

表 7.1　整型数组内存示意表

数组中的位置	内存地址（仅示意）	元素值	数组中的位置	内存地址（仅示意）	元素值
nArray[0]	20000	0	nArray[3]	20006	0
nArray[1]	20002	0	nArray[4]	20008	0
nArray[2]	20004	0			

注意：整型数据在内存中每个元素的地址以 2 为单位递增。

正如前面已经提到过的，这是因为电脑用 2 个字节的存储空间来存放一个整型数。

现在再来看看第 2 个例子：

```
float lArray[5]
```

起始地址还是 20000，存放一个浮点型数据要占用 4 个字节，那么这个数组在内存中的存放方式如表 7.2 所示。

表 7.2　浮点型数组内存示意表

数组中的位置	内存地址（仅示意）	元素值	数组中的位置	内存地址（仅示意）	元素值
lArray[0]	20000	0	lArray[3]	20012	0
lArray[1]	20004	0	lArray[4]	20016	0
lArray[2]	20008	0			

注意：实型数据在内存地址中每个元素都是以 4 为单位递增的。

7.1.3 数组的溢出

C 语言在设计的时候，理念上就是针对高级程序员的一种工具，有一个设计思想就是信任程序员。认定在任何时候，程序员都知道自己是在干什么，所以，才会有对内存的访问工具，才从来不会做越界检查，没有对内存的保护，坚信程序员知道自己在干什么，由程序员控制一切。

当然，这样做的好处是可以编写系统级程序，可以轻松编写黑客程序。在那个 CPU 资源紧张的时代，可以写出来和汇编程序运行效率媲美的代码。

但是，这样带来的坏处是，初学者不经意间就把程序搞崩溃了。

比如，你定义了数组"int nArray[10]；"，然后程序中写上"nArray[10]=77；"。我们说过，数组是从 0 开始编码的，在这个数组定义的时候，编译器只给分配了编号 0～9 的内存空间，nArray[10] 的访问就越界了，参考表 7-1，就是所谓的内存溢出。但 C 语言是容许这么做的，因为信任程序员嘛，万一这个数字 77 是表示 CPU 的 JUMP 指令，程序员的目的，就是想让 CPU 在运行到这个内存地址的时候，跳转（JUMP）到另外一个地方，实现黑客级程序的运行方式呢？

当然，有些编译器会给一个警告甚至出错提示。但大多数 C 程序编译器是不会强行检查的，完全信任程序员，靠程序员自己来检查自己的行为。

所以，当我们还是初学者的时候，就要小心注意自己写的数组代码，是不是有 nArray[11]=99 这种越界访问。

7.2 一维数组

7.2.1 一维数组的定义

定义一个一维数组与定义一个变量类似，其格式如下：

数据类型 数组名 [常量表达式] ;

其中，数据类型可以是任何一种合法的数据类型，如 int、char、long、float 等，也可以是后面章节将提到的自定义的数据类型。数组名是一个有效的 C 语言标识符，而方括号 [ ] 表明这是一个数组，方括号中的常量表达式指定整个数组的大小，即可以存储多少个元素。现在来看一看如何在 C 语言程序中声明和定义一个整型和浮点型数组。

```
int nArray[100];                    /*声明一个整型数组*/
float fArray[10];                   /*声明一个浮点型数组*/
```

nArray[100] 数组在内存中的空间占用如图 7.1 所示。

注意：在定义一个数组的时候，方括号 [] 中必须是一个常量数值，不能是变量。因为数组是内存中一块有固定大小的静态空间，编译器必须在编译所有相关指令之前先能够确定要给该数组分配多少内存空间。

图 7.1 数组在内存中的空间占用

7.2.2 一维数组的初始化

数组在声明以后，必须被初始化以后才能使用。因为当定义在一个函数内的数组时，除非特别指定，否则数组将不会被初始化，因此其内容在将数值存储进去之前是不确定的。如果想在定义的时候就把数组初始化，初始化方法如下所示：

```
void main( )
{
    int nArray[4]={33,20,330,45};                /*声明时进行初始化*/
    …
}
```

注意：花括号 {} 中要初始化的元素数值个数必须和数组声明时方括号 [ ] 中指定的数组长度相符。元素之间要用逗号分开。

在上面例子中，数组 nArray 定义中的长度为 4，因此在后面花括号 {} 中的初始值也有 4 个，每个元素指定一个数值。如果要把数组中 4 个元素全部初始化为 0，初始化方法如下：

```
int nArray[4] = {0};
```

当然，也可省略数组大小的说明，直接初始化数组，声明如下所示：

```
void main()
{
    int nArray[]={18,20,30,45};
    …
}
```

注意：只有当数组需要立即被初始化时，才能这样定义。

在上面例子中，数组 nArray 声明中的大小未指定，而数组的长度将由后面花括号 {} 中数值的个数来决定。还可以采用既指定数组大小，又同时对其前几个元素进行初始化的方法。例如：

```
int nArray[10]={1,2,3};
```

上面就是既指定了数组 nArray 的大小为 10 个元素，同时又把其前 3 个元素分别初始化为 1、2、3，数组的其他元素被初始化为 0。如果需要声明一个全局数组，则其全部元素的内容将被默认初始化为 0。在全局范围内声明一个数组如下所示：

```
int nArray[4];                              /*nArray 中的每一个元素将会被初始化为 0*/
```

注意：在所有函数之外声明的数组被称为全局数组，其作用范围同全局变量。

7.2.3 一维数组元素的引用

数组在定义并初始化以后，就可以使用。C 语言中规定只能逐个引用数组元素而不能一次引用整个数组。在程序中可以读取和修改数组任一元素的数值，就像操作其他普通变量一样。格式如下所示：

```
数组名[元素序列号]
```

注意：元素序列号又被称为下标。

继续前面的例子，数组 nArray 有 4 个元素，其中每一元素都是整型 int，引用其中第 3 个元素的方法如下所示：

```
nArray[2];
```

注意：数组是从 0 开始索引，不是从 1 开始的。

前面例子的第 1 个元素是 nArray[0]，如果写成 nArray[4]，那么是在使用第 5 个元素，因此会超出数组的长度。

注意：如前所述，在 C 语言中对数组使用超出范围的下标是合法的，这就会产生问题，因为其不会产生编译错误而不易被察觉，但是在运行时会产生意想不到的结果，甚至导致严重运行错误。超出范围的下标之所以合法在后面学习指针的时候会了解。

例如，要把数值 20 存入数组 nArray 中第 3 个元素的语句为：

```
void  main( )
{
    int nArray[] = {18,20,30,45};            /*数组初始化*/
    nArray[2] = 20;                          /*赋值 nArray内容变成 {18,20,20,45}*/
    …
}
```

又例如，要把数组 nArray 中第 3 个元素的值赋给变量 a，可以这样写：

```
void  main( )
{
    int nArray[] = {18,20,30,45};            /*数组初始化*/
    int a = nArray[2];                       /*赋值给变量a，a的值为30*/
    …
}
```

因此，在所有使用中，表达式 nArray [2] 就像任何其他整型变量一样使用。

注意：方括号 [ ] 在对数组操作中的两种不同用法：一种是在声明数组的时候定义数组的长度；另一种是在引用具体的数组元素的时候指明一个索引号（index）。不要把这两种用法混淆。

7.2.4　一维数组的应用实例

【实例7.1】 用数组来求 Fibonacci 数列中的数，并输出结果到屏幕上。用其说明如何操作和访问数组，如示例代码 7.1 所示。

示例代码7.1　用数组求Fibonacci数列

```
01 #include "stdio.h"                       /*包含系统函数头文件*/
02
03 int main( )                              /*主函数*/
04 {
05     int i = 0;                           /*定义变量*/
06     int f[20] = {1,1};                   /*定义数组并初始化前两个元素数据*/
07     for(i=2; i<20; i++)
08     {
09         f[i]=f[i-2]+f[i-1];              /*后项的结果等于前两项之和*/
10     }
11     for(i=0; i<20; i++)
12     {
13         if(i%5 == 0)
14         {
15             printf("\n");;               /*每5个字符输出一个换行*/
```

```
16              }
17              printf("%6d ", f[i]);                    /*输出数组的每一元素*/
18          }
19      getch( );                                        /*暂停*/
20      return 0;                                        /*返回*/
21  }                                                    /*主函数完*/
```

【代码解析】 代码第 9 行就是求 Fibonacci 数列的算法，每次将该 Fibonacci 数列中数据顺序存入到数组 f 中。

【运行效果】 编译并运行程序后，其结果如图 7.2 所示。

图 7.2 用数组求 Fibonacci 数列结果

7.3 二维数组

在日常生活中，遇到的很多数据都是二维的或者多维的，例如事物的长宽高、日期的年月日等等。如果放到程序中应该如何表示呢？为此 C 语言中就引入了二维数组。

不过，从原理的角度，二维数组只是一维数组的一个变种，我们建议初学者第一遍学习的时候，跳过二维数组这一部分的学习，抓住基本概念，先重点搞清一维数组就行了。只是从图书编撰的逻辑顺序方面考虑，我们把这部分内容放在了这里，但读者可以灵活处理。

7.3.1 二维数组的定义

顾名思义，二维数组即数组中每个元素都带有两个下标。在逻辑上可以把二维数组看成是一个具有行和列的表格或者矩阵。

二维数组的定义与定义一维数组类似，只是多了一个方括号而已。其格式如下：

数据类型　数组名[常量表达式1][常量表达式2];

其所有的性质与一维数组相似。但要注意二维数组比一维数组多了一个常量表达式，用于定义第二维的元素的存储空间大小。常量表达式的值只能是正整数。通常，可以把"常量表达式 1"看成是矩阵或者表格的行数，其决定了第一维下标值的上限为"常量表达式 1 的值 −1"；把"常量表达式 2"看成是矩阵或者表格的列数，其决定了第二维的下标值的上限为"常量表达式 2 的值 −1"。

例如，定义一个 3×4 大小名为 array 的 int 型数组和 5×5 大小名为 body 的 int 型数组：

```
int array[3][4];                    /*3×4大小名为array的int型数组*/
int body[5][5];                     /*5×5大小名为body的int型数组*/
```

其中，数组 body 的逻辑结构可以表现为如表 7.3 所示的矩阵或者表格。

每个元素都有两个下标，第一个方括号中的下标代表行号，称为行下标；第二个方括号中的下标代表列号，称为列下标。

表7.3 二维数组**body**的逻辑表达

0	1	2	3	4
body[0][0]	body[0][1]	body[0][2]	body[0][3]	body[0][4]
body[1][0]	body[1][1]	body[1][2]	body[1][3]	body[1][4]
body[2][0]	body[2][1]	body[2][2]	body[2][3]	body[2][4]
body[3][0]	body[3][1]	body[3][2]	body[3][3]	body[3][4]
body[4][0]	body[4][1]	body[4][2]	body[4][3]	body[4][4]

但要注意，一定不能写成这样：

```
int array[3,4];                              /*错误*/
int body[5,5];                               /*错误*/
```

在 C 语言中，由于采用了这样一种定义方式，大家也可以把二维数组看作是一种特殊的一维数组：其包含的每个元素又是一个一维数组。例如：可以把 array 看作一个一维数组，其包含 3 个元素，array[0]、array[1]、array[2]，每个元素又是一个包含 4 个元素的一维数组，如图 7.3 所示。

这样，就可以把 array[0]、array[1]、array[2] 看作是三个一维数组的名字。这个二维数组就可以理解为定义了三个一维数组。

虽然 C 语言中定义的是二维数组，但并不是说其存放的内存空间也一定是一个矩形。其实在内存中，二维数组也是只占用一个连续的存储空间，并且二维数组的元素在内存中的排列顺序是按行存放，即在内存中先顺序存放第一行的元素，再存放第二行的元素，依此类推。例如 array 数组在内存中的存放空间如图 7.4 所示。

图7.3 array 数组

图7.4 array 数组的内存存储

7.3.2 二维数组的初始化

既然现在知道了如何定义二维数组，那可不可以和一维数组一样，在定义时初始化呢？答案是可以的，其方法如下：

```
int array[3][4]={{17,27,36,84},{64,37,68,19 },{101,131,12, 143}};
```

而且二维数组在初始化的时候，可以省略一维大小，只指定第二维的大小进行初始化。

例如：

```
int arr[][3] =          /*这里指出第一维未知，但第二维有3个元素*/
{
  {1,2,3},
  {4,5,6}
};
```

编译器可以根据初始化元素的个数及第二维的尺寸，来推算出第一维大小，比如 6/3=2。注意：以下定义方法是错误的。

```
int arr[2][] = {1,2,3,4,5,6};是一种错误。
```

下面几点需要注意：

- ❏ 二维数组可以在定义时初始化。
- ❏ 二维数组的每个元素各用一对花括号括起来。
- ❏ 二维数组中的每一行，相当于一个一维数组。
- ❏ 数组可以是一维的、二维的，甚至维数更多，如三维或者四维。因为多于二维的数组用得很少，所以这里只讲述二维以下的数组。

7.3.3 二维数组元素的引用

在二维数组中，元素的引用和一维数组差不多，只是有一点点区别，访问方法如下：

数组名[一维数组下标][二维数组下标]

继续前面的例子，数组 array 有 3×4 个元素，其中每一元素都是 int 型，引用其中第一行、第二列元素的方法如下所示：

```
array[1][2];
```

在引用数组元素时，下标也可以为整型表达式，例如：

```
array[1+1][1*2-1];
```

但有一点问题需要注意，这也是初学者常常会出现的错误，例如：

```
void main( )
{
    int a[2][3];                        /*定义一个2×3二维数组*/
    ...
    a[2][3] = 3;                        /*访问超过最大行和列下标的元素*/
}
```

其中，a 定义为 2×3 的数组，其最大可用的行下标是 1，列下标是 2。而 a[2][3] 已经超过了数组的范围。

注意：请读者一定要严格区分在定义数组时，下标是用来定义数组的维数和各维大小的。而引用数组元素时，下标是用来代表某个元素的。数组中的下标值是以 0 作为起始的，而不是以 1 起始。

7.3.4 二维数组的应用实例

【实例 7.2】 定义并初始化一个二维数组，遍历数组中的每个元素并显示到屏幕上。如示例代码 7.2 所示。

示例代码7.2 二维数组的遍历

```
01  #ir lude "stdio.h"                              /* 包含系统函数头文件 */
02
03  int main( )                                     /* 主函数 */
04  {
05      int i = 0;                                  /* 初始化变量 */
06      int j = 0;
        /* 初始化二维数组 */
07      int array[][4] = {{1,2,3,4},{88,657,234,78},{ ),128,77,9}};
08      for(i=0; i<3; i++)
09      {
10          for(j=0; j<4; j++)
11          {
12              printf("%6d ", array[i][j]);        /* 遍历数组中的元素，并打印出来 */
13          }
14          printf("\n");                           /* 遍历完一行，打印一个换行 */
15      }
16      getch( );                                   /* 暂停 */
17      return 0;                                    /* 返回 */
18  }                                               /* 主函数完 */
```

【**代码解析**】 代码第 7 行是初始化二维数组 array。代码第 8 ～ 15 行是采用循环语句遍历数组中的元素，并显示到屏幕上。

【**运行效果**】 编译并运行程序后，其结果如图 7.5 所示。

通过前面的知识介绍，大家知道了二维数组与一维数组在内存中都是顺序占用存储空间的。虽然其内存存储方式是一样的，但如果要把二维数组转换为一维数组，还是要通过程序才能实现。

图 7.5 二维数组的遍历结果

【**实例 7.3**】 将二维数组转换为一维数组，如示例代码 7.3 所示。

示例代码7.3 将二维数组转换为一维数组

```
01  #include "stdio.h"                              /* 包含系统函数头文件 */
02
03  int main( )                                     /* 主函数 */
04  {
05      int i = 0;                                  /* 初始化变量 */
06      int j = 0;
07      int array1[12] = {0};                       /* 定义并初始化数组 */
08      int array2[][4] = {{1,2,3,4},{88,657,234,78},{99,128,77,9}};
09      for(i=0; _<3; i++)
10      {
11          for(j=0; j<4; j++)
12          {
13              array1[i*4+j] = array2[i][j];       /* 将二维数组中的元素赋值给一维数组 */
14          }
15      }
16      for(i=0; i<12; i++)
17      {
```

```
18              printf("%d ", array1[i]);              /*输出一维数组中的元素*/
19          }
20      getch( );                                      /*暂停*/
21      return 0;                                       /*返回*/
22 }                                                    /*主函数完*/
```

【代码解析】 代码第 13 行是通过一定的算法，把二维数组中的元素赋值给一维数组中的指定元素。例如：当 i = 0 时，其依次将数组 array1 的前 4 个元素赋值；当 i = 1 时，又会将数组 array1 第 5 ～ 8 个元素赋值，依此类推。

【运行效果】 编译并运行程序后，其结果如图 7.6 所示。也证明了转换是成功的。

`1 2 3 4 88 657 234 78 99 128 77 9`

图 7.6　二维数组转换为一维数组输出结果

7.4　字符数组

字符数组是用来存放字符型数据的数组，其中每一个元素都只存放一个 char 型数据。

7.4.1　字符数组的定义

定义一个字符数组同定义一个整型数组一样，例如：

```
char str[10];
```

上面就是定义了一个字符数组 str，其包含 10 个 char 型元素。

注意：在 C 语言中，字符型与整型是可以互相通用的，所以字符型数组中也可以存放介于 0 ～ 255 的数值。

7.4.2　字符串与字符数组

在 C 语言中，字符串就是一个字符数组，不过字符串代表字符串常量，而字符数组代表的是变量。在字符串的最后系统会自动添加一个 '\0'，而字符数组如果初始化后有空余空间，其后系统也自动添加 '\0'。这是为什么呢？

因为 '\0' 在 ASCII 码表中代表的是 0 的字符，从 ASCII 码表可以看出，0 字符是一个不可以显示的字符，是一个空操作符，即其表示什么都不干。用其作为字符串结束符标志不会产生附加的操作或者增加有效字符，只起到一个供判别的标志。例如：

```
printf("Hello World!\n");
```

即输出一个字符串，系统在执行这句语句时，正因为内存中有了这个结束符标志 '\0'，才能知道字符串在什么地方是结束。在输出的时候，每输出一个字符就检查下一个字符是否是 '\0'。遇到 '\0' 就停止输出。

7.4.3　字符数组的初始化

对字符数组的初始化，可以采用前面介绍的对逐个元素进行赋值的方法进行。例如：

```
char str[] = {'I',' ','L','O','V','E',' ','Y','O','U'};
```

其中，省略指定数组大小。这样，初始化后的字符数组，编译器会根据后面初始值的个数生成数组大小。初始化后字符数组内存存储如图 7.7 所示。

图7.7　str字符数组内存存储

但如果在定义时，初始化指定的数据个数小于字符数组大小，则只将这些字符赋值给数组中前面那些元素，其余的元素自动定义为结束符（即 '\0'）。例如：

```
char str[6] ={'C','H', 'I', 'N','A'};                    /*只指定了前5个字符*/
```

在上面的例子中，只指定了字符数组前 5 个元素的值，则生成的数组存储如图 7.8 所示。

图7.8　str字符数组最后添加了空字符

反之，如果初始值个数大于数组的大小，则在编译时会生成错误处理。

另外，由于 C 语言中支持直接用字符串来初始化字符数组，所以还可以用字符串常量来初始化字符数组。例如：

```
char str[] = "How are you?";
```

省略了花括号，这样的方法不仅直观、方便，而且符合人们一定的书写习惯。

注意：用字符串常量初始化字符数组时，由于字符串常量最后系统会自动添加一个 '\0'。因此，字符数组的大小比字符串常量中字符的个数多 1。

7.4.4　字符数组的输入和输出

对于字符数组的输入或者输出，有两种方法：

① 逐个字符地输入和输出，用格式符 "%c" 来控制输入或者输出一个字符。例如：

```
void main( )
{
    char c = 'A';
    scanf("%c",&c);                    /*接收输入一个字符*/
    printf("%c", c);                   /*输出一个字符*/
    …
}
```

② 一次将整个字符串输入或者输出，用格式符 "%s" 来控制，即输出字符串。例如：

```
void main()
{
     char str[] = "Are you sure?";
    printf("%s",str);                  /*输出一个字符串*/
    …
}
```

要注意的是，在输出时，由于是用字符串常量进行初始化，所以最后必定有一个结束符 '\0'，遇到时就会停止输出。输出的结果是：

```
Ara you sure?
```

除此以外，还有如下几点需要注意的地方：

① 输出的字符不包括结束符 '\0'。

② 如果数组长度大于字符串实际长度，也只输出到遇到结束符结束。

③ 如果一个字符数组中包含多个结束符，则遇到第一个结束符时就停止输出。

7.4.5　使用scanf()函数接收字符串

除可以用"%s"输出字符串外，还可以在scanf（）函数中使用"%s"来接收输出的字符串。例如：

```
void main( )
{
    char str[128];
    scanf("%s", str);                    /*接收用户输入*/
    ...
}
```

注意：在用scanf（）函数接收用户输入时，输入保存的为字符数组时，不用再加取地址符"&"，因为数组名就代表了该数组的起始地址。

在利用scanf（）函数接收用户输入的字符串时，系统会自动在最后添加一个结束符"\0"。

【实例7.4】　利用一个scanf（）函数，接收多个字符串时，应该如何处理？其如示例代码7.4所示。

示例代码7.4　接收多个字符串

```
01 #include "stdio.h"                     /*包含系统函数头文件*/
02
03 int main( )                            /*主函数*/
04 {
05     char str1[6];                      /*定义字符数组*/
06     char str2[6];
07     char str3[6];
08     printf("please input str : ");
09     scanf("%s%s%s",str1,str2,str3);    /*接收多个字符串*/
10     printf("%s\n%s\n%s\n", str1,str2,str3);
11     getch( );                          /*暂停*/
12     return 0;                          /*返回*/
13 }                                      /*主函数完*/
```

【代码解析】　代码第9行，即scanf（）函数接收多个字符串，当其接收字符串时，每个字符串以空格自动进行分隔，赋值给不同的字符数组。

【运行效果】　编译并运行程序后，输入"I am Lili"，其结果如图7.9所示。

注意：在使用一个字符数组接收中间有空格的字符串时，scanf（）函数只会将空格前的字符串保存到字符数组中。

图7.9　接收多个字符串输出结果

7.4.6　字符数组的应用

【实例7.5】　接收用户输入的字符串，并删除其指定的字符，最后输出到屏幕上。如示例代码 7.5 所示。

示例代码7.5   删除指定的字符

```
01 #include "stdio.h"                              /*包含系统函数头文件*/
02
03 int main( )                                     /*主函数*/
04 {
05     char c;
06     char str[128] = {0};                        /*初始化字符数组*/
07     int  i = 0;
08     printf("Please input delete char: ");
09     scanf("%c", &c);
10     printf("Please input str : ");
11     scanf("%s",str);
12     /*查找字符串,并将符合条件的字符变成空格*/
13     for(i=0; str[i]!= '\0'; i++)                /*结束条件为遇到结束符*/
14     {
15         if(str[i] == c)
16         {
17             str[i] = ' ';                       /*变成空格*/
18         }
19     }
20     printf("%s\n", str);
21     getch( );                                   /*暂停*/
22     return 0;                                    /*返回*/
23 }                                                /*主函数完*/
```

【代码解析】 代码第 13 ~ 19 行,采用循环语句遍历整个输入的字符串,将其中与欲删除的字符相同字符的变成空格,一直执行到整个字符串结束。

【运行效果】 编译并运行程序,输入删除字符"i"和字符串"abcediabciabcdib"后,其结果如图 7.10 所示。

图 7.10   删除指定的字符结果

7.5 字符数组元素作为函数参数

回想一下前面介绍的章节,当向一个函数传递一个变量时,实际上传递的只是该变量的一个值,赋值给形参,是一个备份,而不是变量本身。但对于数组就不太一样了。

但有时候需要将数组作为参数传给函数。在 C 语句中将一整块内存中的数值作为参数完整地传递给一个函数是不可能的,即使是一个对齐的数组也不可能,但是允许传递数组的首元素地址。其实际作用也是一样的,但传递地址更快速有效。当数组传给函数时,处理的是数组的实际的值。

将字符数组作为函数的参数,函数定义如下所示:

数据类型 函数名(数据类型 数组名[]);

其中,要定义数组为参数,只需要在定义或者声明函数的时候指明参数数组的基本数据类型，数组名后面再跟一对方括号 [] 就可以了。

【实例 7.6】 将字符数组作为函数的参数，传递给函数进行处理。并将字符数组中的字符全部换成大写字母输出到屏幕上。如示例代码 7.6 所示。

示例代码7.6　将数组作为参数传给函数

```
01  #include "stdio.h"                                    /*包含系统函数头文件*/
02
03  void upper(char str[])                      /*转换函数*/
04  {
05      int i = 0;
06      for(i=0; str[i]!= '\0';i++)                 /*遍历整个字符数组*/
07      {
08          if((str[i] >= 'a') && (str[i] <= 'z'))   /*判断是否是小字字母*/
09          {
10              str[i] -= 32;                        /*小写字母的ASCII码值大于大字字母32*/
11          }
12      }
13  }
14
15  int main( )                                 /*主函数*/
16  {
17      char str1[] = "abcDefGH";                   /*初始化字符数组*/
18      char str2[] = "bbbbbbbb";
19      upper(str1);                             /*调用转换函数，并将数组作为函数参数*/
20      upper(str2);
21      printf("str1 : %s\n", str1);            /*显示转换后字符数组*/
22      printf("str2 : %s\n", str2);
23      getch();                                 /*暂停*/
24      return 0;                                /*返回*/
25  }                                            /*主函数完*/
```

【代码解析】 代码第 3 行，函数 upper（ ）的参数（char str[]）接受任何字符数组作为参数，不管其长度如何。在代码第 8 行，首先判断当前字符是不是小写字母，即介于 a 和 z 之间的字符。代码第 10 行，如果是小字字母，则将其 ASCII 码的值减小 32，就变成了大写字母。代码第 19 行和 20 行，就是调用 upper（ ）函数，并将字符数组作为参数传递。在 upper（ ）函数中修改了字符数组中元素的值，由于传递的是数组本身，所以在 main（ ）函数中，也会受到影响。

【运行效果】 编译并运行程序，其结果如图 7.11 所示。

图7.11　将数组作为参数传给函数结果

第8章
控制字符串

8.1 字符串的长度

在 C 语言中，要使用系统提供的字符串处理函数时，必须包含头文件"string.h"。而一般用得比较多的就是如何获取字符串的长度。在"string.h"头文件中，声明的获取字符串长度的函数如下：

```
unsigned int strlen(char * str);
```

该函数用于统计字符串"str"中的字符个数，并将结果返回给调用函数。

【实例 8.1】 用 strlen（）函数获取指定字符串的长度，并将结果显示到屏幕上。如示例代码 8.1 所示。

示例代码8.1　获得指定字符串的长度

```
01  #include "stdio.h"                          /*包含系统函数头文件*/
02  #include "string.h"                         /*包含字符串处理头文件*/
03
04  int main( )                      /*主函数*/
05  {
06      int len = 0;                             /*初始化长度变量*/
07      char * str = "hello world!";             /*初始化字符串常量*/
08      len = strlen(str);                       /*调用获取长度字符串*/
09      printf("\"%s \" len is : %d\n", str, len);
10      getch( );                                /*暂停*/
```

```
11      return 0;                                        /*返回*/
12  }                                                    /*主函数完*/
```

【**代码解析**】 代码第 7 行，初始化字符串 str 为 "hello world!"，代码第 8 行，调用 strlen（）函数，统计 str 中的字符个数，并将结果返回给 len 变量。

`"hello world! " len is : 12`

图 8.1 获得指定字符串的长度结果

【**运行效果**】 编译并执行程序后，其结果如图 8.1 所示。

注意：strlen（）函数并不将 "\0" 计算在内。

8.2 使用字符串拷贝函数

在处理字符串时，除了获得字符串长度用得比较多外，另外一个用得多的就是字符串的拷贝函数，而且在系统处理函数中，提供了三个不同的函数来进行字符串拷贝。

8.2.1 strcpy（）函数的使用

strcpy（）函数的声明格式如下：

```
char * strcpy(char * dest, char * src);
```

该函数的作用是把 src 指向的字符串拷贝到 dest 中去，并且返回指向 dest 的指针（将在第 9 章进行讲解）给调用函数。但有几点需要注意：

① 字符数组（dest）必须定义得足够大，以便能够容纳被拷贝的字符串。即 dest 的大小必须大于 src。

② dest 必须是数组形式的，即不能是字符串常量形式。而 src 可以是字符串常量形式，也可以是数组形式。

③ 发现拷贝时，该函数会将 src 字符串后面的 "\0" 一起拷贝到 dest 中。

④ src 和 dest 所指向的内存空间不可以重叠，即不能指向同一内存空间。

【**实例 8.2**】 复制指定字符串到字符数组中，并分别显示两个字符串的内容到屏幕上。如示例代码 8.2 所示。

示例代码8.2 复制指定字符串到字符数组中

```
01  #include "stdio.h"                        /*包含系统函数头文件*/
02  #include "string.h"                       /*包含字符串处理函数头文件*/
03
04  int main( )                               /*主函数*/
05  {
06      char * str1 = "this is strcpy demo";
07      char str2[128] = {0};
08
09      strcpy(str2, str1);                   /*调用拷贝函数*/
10      printf("str1 : %s\nstr2 : %s\n", str1, str2);
11      getch( );                             /*暂停*/
```

```
12      return 0;                                    /*返回*/
13 }                                                 /*主函数完*/
```

【代码解析】 代码第 9 行是调用拷贝函数进行字符串
拷贝。

【运行效果】 编译并执行程序后，其结果如图8.2所示。

图8.2　复制指定字符串到字符
数组中结果

8.2.2　strncpy( )函数的使用

在拷贝时，如果需要指定将字符串 2 前面若干个字符拷贝到字符数组 1 中去，则必须使用 strncpy（ ）函数。其声明格式如下：

```
char *strncpy(char *dest, char *src, int n);
```

该函数的作用是把 src 所指由 '\0' 结束的字符串前 n 个字节复制到 dest 所指的数组中，并返回指向 dest 的指针。但有几点需要注意：

① dest 必须有足够的空间来容纳 src 的字符串。

② 如果 src 的长度小于 n 个字节，则以 '\0' 填充 dest 直到复制完 n 个字节。

③ 如果 src 的前 n 个字节不含 '\0' 字符，则结果不会以 '\0' 字符结束。

④ src 和 dest 所指向的内存空间不可以重叠，即不能指向同一内存空间。

【实例 8.3】 分别复制字符串中前 n 个字符到字符数组 1 和数组 2 中，包含两种情况：一种包含 '\0'；另一种不包含 '\0'。其如示例代码 8.3 所示。

示例代码8.3　复制字符串前n个字符

```
01 #include "stdio.h"                               /*包含系统函数头文件*/
02 #include "string.h"                              /*包含字符串处理函数头文件*/
03
04 int main( )                                      /*主函数*/
05 {
06     char * str1 = "this is strcpy demo";         /*初始化字符串常量*/
07     char str2[128] = {0};                        /*定义字符数组*/
08     char str3[] = "abcdefghijklmnopqrstuvwxyz";
09
10     strncpy(str2, str1, strlen(str1));           /*调用拷贝函数,包含"\0"*/
11     strncpy(str3, str1, 10);                     /*调用拷贝函数,但不包含"\0"*/
12     printf("str1 : %s\nstr2 : %s\nstr3 : %s\n",
13                         str1, str2, str3);
14     getch( );                                    /*暂停*/
15     return 0;                                     /*返回*/
16 }                                                 /*主函数完*/
```

【代码解析】 代码第 10 行是把整个字符串 str1 拷贝到字符数组 2 中，包含 '\0'。代码第 11 行是拷贝字符串 str1 的前 10 个字符（不包含 '\0'）到字符数组 str3 中，但由于 str3 中原有数据长度大于 10，所以原来的字符还保留在 str3 中，从结果中也可以看到，str3 的后面剩下的字符串都输出了。

【运行效果】 编译并执行程序后，其结果如图 8.3 所示。

图8.3　复制字符串前 n 个字符结果

8.3 字符串连接函数

字符串连接函数是将两段不同的字符串进行连接，变成一个字符串。

8.3.1 用 strcat( ) 连接字符串

strcat（ ）函数的声明格式如下所示：

```
char *strcat(char *dest,char *src);
```

该函数的作用是把 src 所指字符串添加到 dest 结尾处（覆盖 dest 结尾处的 '\0'）并在整个字符串，即新的 dest 最后添加 '\0'，返回指向 dest 的指针给调用函数。但要注意：src 和 dest 所指内存空间不可以重叠且 dest 必须有足够的空间来容纳 src 的字符串。

【实例 8.4】 将用户输入的字符串连接到字符数组的后面，并输出结果到屏幕。如示例代码 8.4 所示。

示例代码8.4 连接字符串

```
01  #include "stdio.h"                           /*包含系统函数头文件*/
02  #include "string.h"                          /*包含字符串处理函数头文件*/
03
04  int main( )                                  /*主函数*/
05  {
06      char str1[256] = "this is strcat demo ";  /*初始化字符数组，大小为256*/
07      char str2[128] = {0};
08      printf("please input string : ");
09      scanf("%s", str2);                        /*接收用户输入字符串*/
10      strcat(str1, str2);                       /*连接两个字符串*/
11      printf("new string : %s\n",str1);         /*打印新字符串*/
12      getch( );                                 /*暂停*/
13      return 0;                                 /*返回*/
14  }                                             /*主函数完*/
```

【代码解析】 代码第 10 行是调用连接字符串函数，将用户输入的字符串连接到原 str1 字符数组的后面。

【运行效果】 编译并执行程序后，其结果如图 8.4 所示。

```
please input string : abcdefg
new string : this is strcat demo abcdefg
```

图8.4 连接字符串结果

8.3.2 用 strncat( ) 连接字符串

strncat（ ）函数的声明格式如下：

```
char *strncat(char *dest,char *src,int n);
```

该函数把 src 所指字符串的前 n 个字符添加到 dest 结尾处（覆盖 dest 结尾处的 '\0'）并在整个字符串，即新的 dest 最后添加 '\0'，返回指向 dest 的指针给调用函数。

【实例 8.5】　连接指定长度的字符串到字符数组后面，如示例代码 8.5 所示。

示例代码8.5　连接指定长度的字符串到字符数组后面

```
01 #include "stdio.h"                              /*包含系统函数头文件*/
02 #include "string.h"                             /*包含字符串处理函数头文件*/
03
04 int main( )                                      /*主函数*/
05 {
06     char str1[256] = "this is strncat demo";    /*初始化字符数组*/
07     char *str2    = "1234567890";
08     strncat(str1, str2, 5);                      /*连接str2的前5个字符到str1后面*/
09     printf("new string : %s\n",str1);
10     getch( );                                    /*暂停*/
11     return 0;                                     /*返回*/
12 }                                                /*主函数完*/
```

【代码解析】　代码第 8 行是调用 strncat（ ）函数，连接 str2 的前 5 个字符到 str1 后面。

【运行效果】　编译并执行程序后，其结果如图 8.5 所示。

```
new string : this is strncat demo 12345
```

图8.5　连接指定长度的字符串到字符数组后面结果

8.4 使用字符串比较函数

在日常生活中，常常会遇到输入密码的时候，需要输入正确的密码才能进入相应的系统进行操作。而密码其实就是一串数字或者字母或数字和字母的组合。在处理密码时，就会用到字符串比较函数。C 语言中提供了 3 个字符串比较函数。

8.4.1　两个完整的字符串之间的比较

C 语言中，对两个完整的字符串进行比较的函数是 strcmp（ ）。其声明格式如下：

```
int strcmp(char *s1,char * s2);
```

该函数的作用是比较字符串 s1 和 s2，即对两个字符串自左向右逐个字符相比（按 ASCII 码值大小比较），直到出现不同的字符或者遇到 "\0" 为止。其返回的结果值有 3 种，说明如表 8.1 所示。

表8.1　字符串比较函数结果值说明

结果值	说明
<0	s1小于s2
=0	s1等于s2
>0	s1大于s2

【实例 8.6】 指定一个密码串（123456），然后要求用户输入密码，比较这两个字符串，并输出结果到屏幕上。如示例代码 8.6 所示。

示例代码8.6　字符串比较函数

```
01  #include "stdio.h"                              /*包含系统函数头文件*/
02  #include "string.h"                             /*包含字符串处理函数头文件*/
03
04  int main( )                                     /*主函数*/
05  {
06      char * pwd = "123456";                      /*初始化密码字符串常量*/
07      char * user[10] = {0};
08      printf("please input user password : ");
09      scanf("%s", user);                          /*接收用户输入*/
10      if(0 == strcmp(pwd, user))                  /*比较两个字符串*/
11      {
12          printf("welcome!\n");                   /*比较后，相等，是正确密码，欢迎用户*/
13      }
14      else
15      {
16          printf("password is error!\n");         /*比较后，不相等*/
17      }
18      getch( );                                   /*暂停*/
19      return 0;                                    /*返回*/
20  }                                               /*主函数完*/
```

【代码解析】 代码第 10 行，在 if 语句中调用 strcmp（）函数对 pwd 和 user 字符串进行比较，如果相等，则结果为 0，进入 if 语句；否则进入 else 语句。

【运行效果】 编译并执行程序后，输入正确密码 123456 后，其结果如图 8.6（a）所示。输入错误密码后，其结果如图 8.6（b）所示。

(a)　　　　　　　　　　　　　　　　(b)

图8.6　字符串比较函数输出结果

8.4.2　两个字符串的一部分进行比较

除了可以进行两个完整字符串之间的比较外，C 语言中还支持对两个字符串的部分字符进行比较。相应的函数支持是

```
int strcmp(char *s1,char * s2,int n);
```

该函数的作用是比较字符串 s1 和 s2 的前 n 个字符。其返回的结果值还是有 3 种，如表 8.1 所示。但要注意该函数在比较时，从左向右逐个字符相比，直到 n 个字符结束。

【实例 8.7】 比较用户输入的两个字符串前 5 个字符，如果相同，则输出比对成功；否则输出比对失败。如示例代码 8.7 所示。

示例代码8.7 比较用户输入的两个字符串

```
01  #include "stdio.h"                          /*包含系统函数头文件*/
02  #include "string.h"                         /*包含字符串处理函数头文件*/
03
04  int main( )                                 /*主函数*/
05  {
06      char str1[128] = {0};
07      char str2[128] = {0};
08      printf("please input str1: ");
09      scanf("%s", str1);
10      printf("please input str2: ");
11      scanf("%s", str2);
12      if(0 == strncmp(str1, str2, 5))         /*比较两个字符串前5个字符*/
13      {
14          printf("str1 and str2 is same\n");
15      }
16      else
17      {
18          printf("str1 and str2 is not same\n");
19      }
20
21      getch( );                               /*暂停*/
22      return 0;                               /*返回*/
23  }/*主函数完*/
```

【代码解析】 代码第 8 ～ 11 行，是接收用户输入的两个字符串。代码第 12 行是比较两个字符串前 5 个字符是否相同。

【运行效果】 编译并运行程序后，输入前 5 个字符相同的字符串，结果如图 8.7（a）所示；输入前 5 个字符不相同的字符串，结果如图 8.7（b）所示。

(a)   (b)

图8.7 部分比较两个字符串结果

8.4.3 忽略大小写的字符串比较

前面介绍的两个比较字符串的函数在比较时，遇到大小写不同的时候，都会认为这两个字符串是不相同的。但有的时候，需要忽略大小写的差异进行两个字符串的比较，所以 C 语言中就提供了 strcmpi（ ）函数。其格式如下：

```
int strcmpi(char *s1,char * s2);
```

该函数的作用是比较字符串 s1 和 s2，但不区分字母的大小写。即从左到右比较时，遇到两个字符是大小写区别时，认为这两个字符串还是相同的。

【实例 8.8】 比较用户输入的两个字符串，但一个采用大写输入，一个采用小写输入，最后输出比较结果，如示例代码 8.8 所示。

示例代码8.8 比较用户输入的两个大小写区别的字符串

```
01  #include "stdio.h"                    /*包含系统函数头文件*/
02  #include "string.h"                   /*包含字符串处理函数头文件*/
03
04  int main( )                           /*主函数*/
05  {
06      char str1[128] = {0};             /*初始化字符数组*/
07      char str2[128] = {0};
08      printf("please input str1: ");
09      scanf("%s", str1);
10      printf("please input str2: ");
11      scanf("%s", str2);
12      if(0 == strcmpi(str1, str2))      /*比较两个字符串,忽略大小写*/
13      {
14          printf("is same\n");
15      }
16      else
17      {
18          printf("not same\n");
19      }
20
21      getch( );                         /*暂停*/
22      return 0;                         /*返回*/
23  }                                     /*主函数完*/
```

【代码解析】 代码第 8 ～ 11 行，是接收用户输入的两个字符串。代码第 12 行是比较两个字符串中全部的字符，但对大小写认定为相同。

【运行效果】 编译并运行程序后，输入"abcdefg"和"ABCDEFG"，其结果如图 8.8 所示。

图 8.8 比较用户输入的两个大小写区别的字符串结果

8.5 字符串查找函数

8.5.1 用strchr( )函数查找字符串

如果需要在字符串中查找一个字符，就可以使用 strchr( ) 函数，该函数的声明格式如下：

```
char *strchr(char *s,char c);
```

其中，形参 s 指向待查找的字符串，形参 c 可以赋值为需要查找的字符。当调用该函数时，其会将字符串中从左到右第一个出现字符 c 的地址返回给调用函数。如果没有找到，则返回空（NULL）。

【实例 8.9】 接收用户输入的字符，然后查找内置的字符串中是否有该字符，并给出相应提示，其如示例代码 8.9 所示。

示例代码8.9 查找用户输入的字符是否在字符串内

```
01 #include "stdio.h"                              /*包含系统函数头文件*/
02 #include "string.h"                             /*包含字符串处理函数头文件*/
03
04 int main( )                          /*主函数*/
05 {
06      char str[128] = "this is c program!";
07      char c;
08      printf("please input char: ");
09      c = getchar();
10      if(NULL == strchr(str, c))               /*在字符串中查找指定字符*/
11      {
12            printf("No Found\n");               /*未找到，输出*/
13      }
14      else
15      {
16            printf("Found\n");                   /*找到*/
17      }
18
19      getch( );                                  /*暂停*/
20      return 0;                                  /*返回*/
21 }                                               /*主函数完*/
```

【代码解析】 代码第 10 行，是调用 strchr（ ）函数在 str 字符串中查找指定字符，如果未找到则返回 NULL，进入 if 语句；否则进入 else，表示找到。

【运行效果】 编译并运行程序后，输入字符 a，其输出结果如图 8.9 所示。

```
please input char: a
Found
```

图8.9 查找用户输入的字符是否在字符串内结果

8.5.2 用strrchr( )函数查找字符串

用 strrchr（ ）函数查找字符串时，与前面的 strchr（ ）相反，其是从后面开始查找第一次出现的位置，如果成功，则返回指向该位置的指针，如果失败，返回 NULL。该函数的声明格式如下：

```
char *strrchr(char *s,char c);
```

由于其在使用上，只与前面的 strchr（ ）方向不同，所以这里就不再举例说明。

8.5.3 用strcspn( )函数查找字符串

strcspn（ ）函数的声明格式如下：

```
int strcspn(char *s1,char *s2);
```

该函数的作用是在字符串 s1 中搜寻 s2 中所出现的字符。返回第一个出现的字符在 s1 中的下标值，即在 s1 中出现而 s2 中没有出现的子串的长度。

【实例 8.10】 调用 strcspn（ ）函数，查找两个字符串中，第一个出现的相同的字符。如示例代码 8.10 所示。

示例代码8.10　查找两个字符串第一个出现的相同字符

```
01 #include "stdio.h"                              /* 包含系统函数头文件 */
02 #include "string.h"                             /* 包含字符串处理函数头文件 */
03
04 int main()                                      /* 主函数 */
05 {
06     char *s="this is c program!";
07     char *r="row";
08     int n;
09     n=strcspn(s,r);                             /* 查找字符串 */
10     printf("The first char both in s1 and s2 is : %c\n",s[n]);
11     getch( );                                   /* 暂停 */
12     return 0;
13 }
```

【代码解析】 代码第 9 行，是调用 strcspn（ ）函数在 s 字符串中查找字符串 r，并返回两个字符串第一个同样出现的字符的下标。

【运行效果】 编译并运行程序后，其结果如图 8.10 所示。

The first char both in s1 and s2 is : r

图8.10　查找两个字符串第一个出现的
相同字符

8.5.4　用strspn( )函数查找字符串

strspn（ ）函数与前面的 strcspn（ ）函数相反，其是返回字符串中第一个在指定字符串中不出现的字符下标。该函数的声明格式如下：

```
int strspn(char *s1,char *s2);
```

简单点说，若 strspn（ ）返回的数值为 n，则代表字符串 s1 开始连续有 n 个字符都是与字符串 s2 内的字符相同。

【实例 8.11】 查找不同的字符串中与标准字符串前面相同的字符个数。如示例代码 8.11 所示。

示例代码8.11　输出各字符串中前面相同字符的个数

```
01 #include "stdio.h"                              /* 包含系统函数头文件 */
02 #include "string.h"                             /* 包含字符串处理函数头文件 */

03 int main()                                      /* 主函数 */
04 {
05     char *str  ="abcdefghijklmn";               /* 内置的标准字符串 */
06     char * str1 = "abcdef";
07     char * str2 = "abdefg";
08     char * str3 = "bcdefg";
09     printf("%d\n",strspn(str,str1));            /* 显示str1与str中前面有多少个字符相同 */
10     printf("%d\n",strspn(str,str2));            /* 显示str2与str中前面有多少个字符相同 */
11     printf("%d\n",strspn(str,str3));            /* 显示str3与str中前面有多少个字符相同 */
12     getch( );
13     return 0;
14 }
```

【代码解析】 代码第 9 ~ 11 行，是调用 strspn（）函数在 str 字符串中，各自查找字符串 str1、str2 和 str3 与其前面相同的字符个数。

【运行效果】 编译并运行程序后，当查找 str1 时，其与 str 字符串前面有 6 个字符相同；当查找 str2 时，其前面与 str 字符串有 2 个相同；而 str3 字符串与 str 字符串前面没有一个字符相同。其输出结果如图 8.11 所示。

图 8.11　各个字符串中相同的字符个数

8.5.5　用 strpbrk( ) 函数查找字符串

strpbrk（）函数的声明格式如下：

```
char *strpbrk(char *s1, char *s2);
```

该函数的作用是在字符串 s1 中寻找字符串 s2 中任何一个字符相匹配的第一个字符的位置，结束符不包括在内。并返回指向 s1 中第一个相匹配的字符的指针，如果没有匹配字符则返回空指针 NULL。

【实例 8.12】 strpbrk（）函数的使用如示例代码 8.12 所示。

示例代码8.12　strpbrk( )函数的使用

```
01 #include "stdio.h"                              /* 包含系统函数头文件 */
02 #include "string.h"                             /* 包含字符串处理函数头文件 */
03
04 int main()                                      /* 主函数 */
05 {
06      char *s="this is c program!";
07      char *r="won";
08      char *p;
09
10      p = strpbrk(s,r);                          /* 查找字符串 */
11      if(p != NULL)
12      {
13          printf("%s\n", p);                     /* 输出遇到的第一个及后续字符串 */
14      }
15      else
16      {
17          printf("Not found");
18      }
19
20      getch( );                                  /* 暂停 */
21      return 0;
22 }                                               /* 主函数完 */
```

【代码解析】 代码第 10 行，是调用 strpbrk（）函数在字符串 s 中找到与 r 中的字符相同的字符。其运算过程如下：

① 在 s 中查找 r 的第一个字符，如果找到，转到④；否则转到②。

② 在 s 中查找 r 的第二个字符，如果找到，转到④；否则转到③。

③ 继续用 r 中的后续字符进行查找，如果找到，转到 4；否则返回 NULL。

④ 返回指向这个字符及后续字符串的指针。

图8.12 strpbrk( )函数的
使用输出结果

【运行效果】 编译并运行程序后，其输出结果如图 8.12 所示。从这个结果可以知道，第一次查找"w"时，没有符合的，就继续找"o"，这时发现有相同的字符，就返回指向这个字符的指针，并输出后续字符串。

8.5.6　用strstr( )函数查找字符串

在查找函数中，最常用的就是 strstr（ ）函数。其声明格式如下：

```
char *strstr(char *s1, char *s2);
```

该函数的作用是在一个字符串中查找子字符串，并返回指向这个子字符串的指针。与其他查找函数不同，该函数是整个子字符串相符合时，才会成功返回，如果只是有个别字符相同，就不会返回。

【实例 8.13】 接收用户输入的字符串，用其与内置的字符串进行比较查找，看有没有相同的子字符串，并输出相应结果，如示例代码 8.13 所示。

示例代码8.13　在指定字符串中查找子字符串

```
01  #include "stdio.h"                           /* 包含系统函数头文件 */
02  #include "string.h"                          /* 包含字符串处理函数头文件 */
03
04  int main( )                                  /* 主函数 */
05  {
06      char *s="this is c program!";
07      char *p;
08      char input[128] = {0};
09
10      printf("please input str : ");           /* 提示输入 */
11      scanf("%s", input);                      /* 接收输入 */
12
13      p = strstr(s,input);                     /* 查找字符串 */
14
15      if(p != NULL)
16      {
17          printf("%s\n", p);                   /* 查到，输出结果 */
18      }
19      else
20      {
21          printf("Not found");                 /* 未找到，输出结果 */
22      }
23
24      getch( );                                /* 暂停 */
25      return 0;
26  }                                            /* 主函数完 */
```

【代码解析】 代码第 13 行，就是在 s 字符串中查找用户输入的子字符串，看有没有完整相同的，有则返回指向该字符串的指针；没有则返回 NULL。

【运行效果】 编译并运行程序后，当输入"is"这个字符串时，在 s 字符串中有，所以其输出结果如图 8.13（a）所示。当输入"well"字符串时，在 s 字符串中没有，所以其输出结果如图 8.13（b）所示。

(a)   (b)

图 8.13　在指定字符串中查找子字符串结果

8.6　其他的字符串处理函数

C 语言中除了包含支持字符串的拷贝、连接、比较、查找函数外，还包含一些特殊用途的字符串处理函数。

8.6.1　strrev( )函数的使用

当需要将一个字符串所有的字符进行颠倒时，可以使用 strrev（）函数，其函数声明格式如下：

```
char *strrev(char *s);
```

该函数的作用就是把字符串 s 中所有字符的顺序颠倒过来（但不包括空字符 NULL），并返回指向新字符串的指针。

【实例 8.14】 接收用户输入的字符串，并将该字符串进行颠倒后输出。如示例代码 8.14所示。

示例代码8.14　颠倒输入的字符串

```
01 #include "stdio.h"                        /*包含系统函数头文件*/
02 #include "string.h"                       /*包含字符串处理函数头文件*/
03
04 int main( )                               /*主函数*/
05 {
06     char str[128] = {0};
07     char * p;
08     printf("please input string : ");
09     scanf("%s", str);
10     p = strrev(str);                       /*颠倒字符串*/
11     printf("%s\n", p);
12     getch( );                              /*暂停*/
13     return 0;                              /*返回*/
14 }                                          /*主函数完*/
```

【代码解析】 代码第 10 行就是调用 strrev（）函数将用户输入的字符串进行颠倒，并返回给字符串指针 p。代码第 11 行进行屏幕输出。

【运行效果】 编译并运行程序后,当用户输入"abcdefghijklmn"字符串后,其输出结果如图 8.14 所示。

图8.14 颠倒输入的字符串结果

8.6.2 strset( )和strnset 函数的使用

如果需要将字符串中所有的字符全部变成指定字符,就需要用到 strset( ) 函数。如果想更进一步指定需要转换的字符个数,就需要用 strnset( ) 函数。

两个函数的声明格式如下:

```
char *strset(char *s, char c);
char *strnset(char *s, char c, int n);
```

注意:strnset( ) 函数是从左到右进行个数计算的。而且只能对字符数组进行改变,而不能对常量字符串进行修改。

【实例 8.15】 接收用户输入的字符串,并先将该字符串全部变成字符"a",然后再将其前 5 个字符变成"b"。如示例代码 8.15 所示。

示例代码8.15 改变用户输入的字符串中的数据

```
01 #include "stdio.h"                             /*包含系统函数头文件*/
02 #include "string.h"                            /*包含字符串处理函数头文件*/
03
04 int main( )                                    /*主函数*/
05 {
06     char str[128] = {0};
07
08     printf("please input string : ");
09     scanf("%s", str);
10     printf("%s\n", str);                       /*输出用户输入的字符串*/
11     strset(str, 'a');                          /*设置全部变成a*/
12     printf("%s\n", str);                       /*输出改变后用户输入的字符串*/
13     strnset(str, 'b', 5);                      /*改变字符串前5个字符*/
14     printf("%s\n", str);                       /*输出用户输入的字符串*/
15     getch( );                                  /*暂停*/
16     return 0;                                  /*返回*/
17 }                                              /*主函数完*/
```

【代码解析】 代码第 10 行是调用 strset( ) 函数转换整个字符串的字符为 'a',代码第 13 行是调用 strnset( ) 函数转换字符串中部分字符为 'b'。

【运行效果】 编译并运行程序后,输入"babyacdef"后,其结果如图 8.15 所示。

图8.15 改变用户输入的字符串中的数据

8.7 字符检查函数

有日常使用中，有时需要对字符进行检查，来判断字符的类型，例如数字字符、字母字符等。C 语言中就提供了两个常用的字符检查函数。这些检查函数的声明在头文件"ctype.h"中。

8.7.1 数字检查函数 isdigit( )

如果需要判断一个字符是否是数字，可以使用 isdigit（ ）函数，该函数用于对字符是否是字母进行判断。函数的声明格式如下：

```
int isdigit(char c);
```

当 c 为数字 0 ～ 9 时，返回非零值，否则返回零。

8.7.2 字母检查函数 isalpha( )

如果需要判断一个字符是否是字母，可以使用 isalpha（ ）函数，该函数用于对字符是否是字母进行判断。函数的声明格式如下：

```
int isalpha(char c);
```

当 c 为字母 a ～ z 或者 A ～ Z 时，返回非零值，否则返回零。

8.7.3 检查函数的使用

【实例 8.16】 接收用户输入的字符，判断字符的类型，并给出相应的提示，如示例代码 8.16 所示。

示例代码8.16 字符类型判断

```
01 #include "stdio.h"                              /*包含系统函数头文件*/
02 #include "ctype.h"                              /*包含字符处理函数头文件*/
03
04 int main( )                          /*主函数*/
05 {
06     char c[2];                               /*定义接收用户输入的字符数组*/
07     while(1)                                 /*无限循环*/
08     {
09         printf("please input char : ");      /*提示用户输入*/
10         scanf("%s", c);                       /*接收用户输入的字符和回车符*/
11         if(isdigit(c[0]))                     /*判断输入的第1个字符是否是数字*/
12         {
13             printf("%c is number\n", c[0]);
14         }
15         else if(isalpha(c[0]))                /*判断输入的第1个字符是否是字母*/
16         {
17             printf("%c is isalpha\n", c[0]);
18         }
```

```
19          else                              /*既不是字母也不是数字*/
20          {
21              break;                        /*跳出循环*/
22          }
23      }
24      getch( );                             /*暂停*/
25      return 0;                             /*返回*/
26 }                                          /*主函数完*/
```

【代码解析】 代码第 10 行是调用 scanf（ ）函数接收用户的输入，由于一般用户输入完毕后，会有一个回车动作，所以可以用 2 个字节的字符数组来存放输入的字符。代码第 11 行是调用 isdigit（ ）函数来判断字符数组的第一个元素，即输入的字符是不是数字。第 15 行是调用 isalpha（ ）函数来判断字符数组的第一个元素是不是字母。如果都不是，就跳出整个无限循环之中。

图 8.16　字符类型判断输出结果

【运行效果】 编译并运行程序后，依次输入 "a""1""3""G" 时，都输出了相应的字符类型提示，而如果输入的是其他字符，如符号，则跳出整个循环，如图 8.16 所示。

注意：在使用 scanf（ ）函数接收用户输入的字符时，因为最后有回车操作，所以接收的字符最后都会多一个字符 "\n"，这就需要用字符数组来接收用户输入的数据才不会出错。

8.8　将字符串转换成数字

有一些应用中，有时需要将数字字符串转换成数字进行处理。这就需要用字符串转数字函数。在 C 语言中有两个比较常用的字符串转数字的函数：atoi（ ）和 atol（ ）函数。

两个函数的声明格式如下：

```
int atoi(char * s);
long atol(char *s);
```

这两个函数都可以将指定的数字字符串转换成为数值，并赋值给变量。不过，这两个函数也是有区别的：一个是将字符串转换成 int 型；一个是将字符串转换成为 long 型。

【实例 8.17】 接收用户输入的数字字符串，将其转换成数值，并增大至 10 倍，输出结果到屏幕上，如示例代码 8.17 所示。

示例代码8.17　转换字符串为数值

```
01 #include "stdio.h"                         /*包含系统函数头文件*/
02 #include "string.h"                         /*包含字符串处理函数头文件*/
03
04 int main( )                                 /*主函数*/
05 {
06      int n;
07      int m;
08      char str[128] = {0};                    /*初始化字符数组*/
```

```
09          printf("please input number string: ");
10          scanf("%s",str);                              /*接收用户输入*/
11          n = atoi(str);                                /*调用转换函数*/
12          m = n * 10;                                   /*扩大数值*/
13          printf("%d x 10 = %d", n, m);
14          getch( );                                     /*暂停*/
15          return 0;                                     /*返回*/
16     }                                                  /*主函数完*/
```

【代码解析】 代码第 11 行就是调用 atoi（）函数，将输入的字符串转换为数字。

【运行效果】 编译并运行程序后，输入"125"，输出结果如图 8.17 所示。

图8.17　转换字符串为数值结果

117

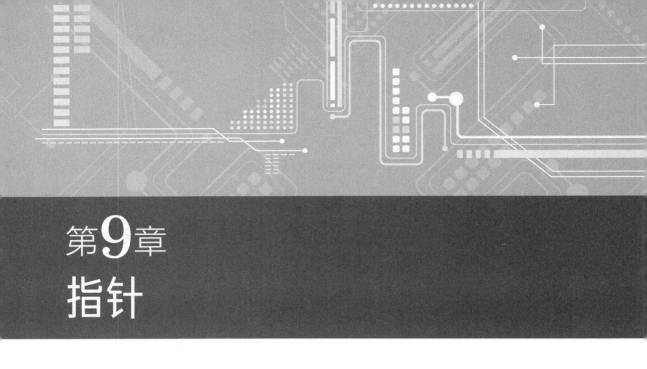

第9章
指针

指针是 C 语言中的精髓，在 C 语言中被广泛地应用。理解和运用好指针可以灵活方便地处理程序中的各种复杂问题，可以轻松完成其他高级程序设计语言不便完成的任务。

9.1 指针与地址

9.1.1 变量的地址与指针

在前面介绍"变量"时曾提到：一个变量其实就是代表了在内存中，可以不断地被程序操作的、有名字的一块存储区域。

而电脑的内存是以字节为单位的一大片连续存储区域，每一个字节都有一个自己的编号。这个编号就被称为内存地址。这就像一个大的集装箱仓库，每个集装箱都有自己的编号，如果没有这个编号，仓库的工人就无法进行管理。

同样的道理，如果电脑中的内存没有进行编号，那么这么大的空间如何进行分配和管理就会变得没有办法。而且因为内存的存储空间是连续的，所以内存中的地址编号也是连续的。为了方便阅读和理解，笔者采用了十进制进行说明。

例如，如果定义了一个变量，系统就会根据定义的变量的数据类型不同，为其分配一个大小固定的内存空间。各种类型的分配大小空间（16 位系统）如表 9.1 所示。

一般情况下，在程序中只需要引用变量名，就可以使用变量，而不用知道变量所在的内存地址，每个变量与地址的映射关系由编译系统决定。但有时候为了方便，还需要对地址进行操作，这就是下面要介绍的指针。

表 9.1　不同数据类型占用的内存空间大小

类型	大小	说明	类型	大小	说明
char	1	字符型	float	4	浮点型
short	2	短整型	long	4	长整型
int	2	整型	double	8	双精度型

9.1.2　了解指针

现在假设你和朋友张三出去旅游住在宾馆里，只知道张三的朋友李四也住在同一家宾馆。你很想知道李四现在的年龄有多大，但又不知道其住在多少号房间，而张三却知道。例如，张三住在 1008 房间，如果你要想找到李四，就需要如下步骤才能找到。

① 先去 1008 房间。

② 获得李四住的房间号：2222 号。

③ 去 2222 号房间。

④ 找到李四，得到年龄 35。

如果只对姓名和房间号来简化这个事情的话，如表 9.2 所示。

表 9.2　姓名、房间和信息对照表

地址	姓名	信息
1008	张三	2222
2222	李四	25

从表 9.2 可以看出，只有通过张三才能知道李四的房间号，换句话说，张三成为了找到李四的"指针"。在 C 语言中，指针就是用来指向某个变量的地址值的。

指针是一种特殊的数据类型，具有指针类型的变量称为指针变量。指针变量是用来存放某个变量的地址值的一种变量。其和一般变量是不一样的，一般变量存放的是数值，而指针变量中的数据值是某个变量的内存中的地址值。例如：前面例子中的张三，其就只知道李四的地址，并不知道李四的年龄。指针存放的那个变量的地址值，就是指向那个变量。

正因为指针是指向变量的地址值，所以只要通过指针对所指向的变量的内存区域进行操作，就可以实现对变量数据的访问和操作。指针与变量的关系如图 9.1 所示。

图9.1　指针与变量的关系

9.2　存放地址的指针变量

9.2.1　定义指针变量

在 C 语言中，一个变量的地址也被称为该变量的"指针"，例如"房间 2222"是李四这个"变量"的指针。如果有一个"变量"专门用来存放另一"变量的地址（即指针）"，则称其为"指针变量"。

如果要对指针变量进行定义，就必须对指针变量的数据类型进行了解。指针变量的数据类型是由其所指向的变量的类型决定的，而不是指针本身数据值的类型决定。这与一般变量的数据类型不同。

因为任何指针本身数据值的类型都是 unsigned long 型的。由于指针的类型是由其所指向的变量的类型决定的，而所指向的变量的类型又各不相同，所以指针的类型也是各不相同的。这就好比前面说的宾馆中的房间号（指针），都是 4 个数字，但其所代表的房间（指向的变量）大小就不一定是相同的。

指针不仅可以指向各种类型的变量，还可以指向数组、数据元素、函数、文件，还可以指向指针。所以指针分为很多种，包括指向数组的指针、指向函数的指针、指向文件的指针和指向指针的指针等。

不同指针的类型，其操作的方式也是有所差异的。例如：char 型在内存中占用 1 个字节，那么读取其数据就应以 char 型读出 1 个字节；long 型在内存中占用 4 个字节，那么读取其数据时就应以 long 型读出 4 个字节。如果指针的类型与其所指向的数据类型不同，那么就有可以导致指针对数据做出错误的操作。

注意：指针变量和指针是两个概念，为了方便记忆，读者可以把指针理解为地址，指针变量则是存储地址值的变量。

定义一个指针变量与普通变量格式上差不多，也有一些小区别，其格式如下：

数据类型 * 指针变量名

其中，数据类型与普通变量一样，指的是 char、int、float、double 等数据类型。但要注意，这里的数据类型应该是与指针所指向的数据相符合的数据类型。而且在此之前，"*"是乘法符号，而在这里用其来定义指针变量。"*"表示所定义的是一个指针变量，而不是普通变量。

注意：如果这个"*"号被忽略的话，就变成声明变量，笔者当年学习 C 语言时，就常常犯这个错误，所以初学者一定要多加注意。

指针的变量名应遵循 C 语言的标识符的命名规则。如果要同时定义多个指针变量，则必须在每个指针变量名前加上"*"，格式如下所示：

数据类型 * 指针名1,* 指针名2,…;

下面列举几种常用的指针变量的声明：

```
int        * pn, *pi;        /*pn和pi是两个指向int型变量的指针*/
float      * pl;             /*pl是一个指向float型变量的指针*/
char       * pc;             /*pc是一个指向char型变量的指针*/
int        *(pf)();          /*pf是一个指向函数的指针,该函数的返回值为int型数值*/
int        * *pp;            /*pp是一个指向指针的指针,即二维指针*/
```

注意：在定义指针变量后，系统便给指针变量分配了一个内存空间，各种不同类型的指针变量所占用的内存空间的大小是相同的，因为不同类型的指针变量存放的数据值都是内存地址值，是 unsigned long 型的。

9.2.2 用变量的地址初始化指针

一旦定义了变量，则放置该变量的空间就在内存中有了地址，可以用"&"取地址操作符来获取变量的地址。对于一般的变量、数组中的元素等的地址值都可以用在变量名前加上"&"来取得，其格式如下：

数据类型 ＊ 指针变量名 = &变量名；

通过"&"取址符就能够取得变量所在的地址值，例如：

```
int a = 10;
int b[5] = {1,2,3,4,5};
```

取变量 a 的地址值用 &a；取数组元素 b[3] 的地址值用 &b[3]。有了地址值就可以赋值给指针变量，对其进行初始化了。例如：

```
int *pa = &a;                        /*将a的地址赋给存放地址的变量(指针)*/
int *pb = &b[3];                     /*将b[3]的地址赋给存放地址的变量(指针)*/
```

这时，pa 中保存的是变量 a 的地址值，pb 中保存的是数组元素 b[3] 的地址。也可以说 pa 指向了变量 a，pb 指向了数组元素 b[3]。现在假定变量 a 的地址为 8000，数组元素 b[3] 的地址为 9006，那么指针和变量的关系如图 9.2 所示。

图9.2 指针与变量的关系

由于指针变量中只能保存地址，所以不要将任何其他非地址的数值赋给一个指针变量，例如下面几个赋初始值就是不合法的：

```
int *p = 100;
char * pc = a;
float * pf = 0.234;
```

除了用取变量的地址来进行初始化外，还可以通过指针变量来获得地址值。简单点说，就是把一个指针变量中的地址值赋值给另外一个指针变量，从而使这两个指针变量指向同一个地址。例如：

```
int n = 100;
int *pn = &n;                        /*pn指向变量n的地址*/
int *pm=pn;                          /*将pn中的地址值赋值给pm*/
```

通过上面的方法，就能使指针变量 pm 和 pn 都指向了变量 n。

注意：在用指针变量对指针变量进行赋值时，赋值符号的两边指针变量的数据类型必须一致才可以。

9.2.3 置"空"指针变量

在前面的变量相关的章节中已经讲过，如果变量没有被初始化，就不能直接使用，对于指针变量也是一样的。如果在定义指针变量后，没有对其进行初始化或者暂时不使用，应该将其指向一个特殊的值——NULL。

在 C 语言中 NULL 表示的意思是"空"或者"什么都没有"，即指针没有指向任何地址。这就好像一间房间已经建好了，但还没有装修，没有办法住人，必须标示出来一样。使用 NULL 来定义指针的方法如下：

```
int * p = NULL;
```

注意：C 语言是大小写区别对待的，所以 NULL 和 null 是不同的。在使用时必须是大写的 NULL。

9.2.4 指针变量的引用

在 C 语言中还另外规定"*"（星号）为指针的间接访问操作符。其作用是当指针变量中存放了一个确定的地址值时，可以间接地访问指针所指向的变量或者内存空间中的数据，其调用格式为：

*指针变量名

这时"* 指针变量名"就可以代表指针所指向的变量或者其他数据。

【实例 9.1】 定义一个指针变量，并进行初始化，最后使用指针变量，间接输出指针所指向的变量数据。如示例代码 9.1 所示。

示例代码9.1　指针变量的使用

```
01  #include "stdio.h"                          /*包含系统函数头文件*/
02
03  int main(void)                              /*主函数*/
04  {
05      int num = 108;                          /*定义变量*/
06      float f = 0.5;
07      int * p = &num;                         /*赋初始值*/
08      float *pf = NULL;                       /*设置为空指针*/
09      printf("num = %d *p = %d\n", num, *p);
10      num += 12;
11      f = *p * f;                             /*对 *p 的访问，相当于对变量 num 的访问*/
12      pf = &f;                                /*把 pf 指向 f 变量的地址*/
13      printf("f = %f *pf = %f\n", f, *pf);
14      getch( );                               /*暂停*/
15      return 0;                               /*返回*/
16  }                                           /*主函数完*/
```

【代码解析】 代码第 7 行，定义整型指针变量 p，并把 num 的地址赋值给 p。这里 *p 就代表的是变量 num。对 *p 的任何操作都相当于对变量 num 的操作。代码第 8 行，定义浮点型指针变量 pf，赋值为 NULL。代码第 9 行，在调用输出函数时，同时输出 num 和 *p 所代表的值，从结果看 *p 能够代表变量 num。代码第 11 行，使用 *p 与 f 变量相乘，并把结果保存到变量 f 中。代码第 12 行，将 pf 指针指向变量 f。代码第 13 行，输出变量 f 和指针 pf 所代表的数值。

【运行效果】 编译并执行程序后，其结果如图 9.3 所示。

图9.3　指针变量的使用示例结果

从上面的例子中可以看到，间接引用指针其实和指针所指向的变量一样使用方便。

注意：间接访问符必须出现在运算对象的左边，其运算对象或者是地址或者是存放地址的指针变量。

9.3 指针变量进行算数运算

9.3.1 指针变量的加减运算

因为内存中的存储空间都是整编号的，而不存在有半个存储空间出现的情况，即 0 与 1 之间，不存储实数 0.5。所以对指针做加减法运算与对数值做加减法是不相同的。指针只能做整的加减法运算，而不能做实数的加减法运算。

【实例 9.2】 程序在内存中定义了一个整型数组，那么这个数组在内存中的空间占用如图 9.4 所示。同时，还定义了整型指针 p 和 q，且 p 已经指向数组中的首地址（第一个元素），而 q 指向了数组中的最后一个元素。

数组中的数据分别为 100、200、300、400、500。现在编写程序对 p 指针进行增加，对 q 指针进行减少，查看其最后输出的内容。如示例代码 9.2 所示。

图9.4 数组元素与指针的对应关系

示例代码9.2 指针的加减法运算

```
01  #include "stdio.h"                          /*包含系统函数头文件*/
02
03  int main(void)                              /*主函数*/
04  {
05      int a[] = {100,200,300,400,500};        /*初始化数组*/
06      int *p = &a[0];                         /*将p指向第1个元素*/
07      int *q = &a[4];                         /*将q指向第4个元素*/
08      int i  = 0;
09      for(i=0;i<5;i++)
10      {
        /*循环移动两个指针，一个增加，一个减少，并输出其指向的数据*/
11          printf("*(p + %d) = %d, *(q - %d) = %d\n",
12              i, *(p+i), i , *(q-i));
13      }
14      getch( );                               /*暂停*/
15      return 0;                               /*返回*/
16  }                                           /*主函数完*/
```

【代码解析】 代码第 6 行，是把 a[0] 的地址赋值给指针变量 p。代码第 7 行是把 a[4] 的地址赋值给指针变量 q。代码第 11 和 12 行是每次循环时，给指针 p 的值增加 i，给指针 q 的值减少 i。

【运行效果】 编译并执行程序后，其结果如图 9.5 所示。

但要注意，虽然从结果图 9.5 中看，好像对指针的加减运算，只是移动数字"1"，但这里的"1"不再代表十进制整数"1"，而是指移动 1 个数组元素的存储空间的长度。查看表 9.1 可以得出，由于是 int 指针，那么 p 和 q 移动 1 个存储空间的

图9.5 指针的加减法运算结果

长度就是位移了 4 个字节。

【实例 9.3】 分别定义 float 型指针 pf、int 型指针 pn 和 char 型指针 pc，并对其进行加法运算，每次分别输出其指向的地址和数值。其如示例代码 9.3 所示。

示例代码9.3　不同类型指针的移动

```
01  #include "stdio.h"                              /* 包含系统函数头文件 */
02
03  int main(void)                                  /* 主函数 */
04  {
05      char s[]  = "abcde";                        /* 定义字符数组 */
06      int  a[]  = {1,2,3,4,5};                     /* 定义整型数组 */
07      float f[] = {0.1, 0.2, 0.3, 0.4, 0.5};       /* 定义浮点型数组 */
08      char * pc = &s[0];
09      int  * pn = &a[0];
10      float *pf = &f[0];
11      int n = 0;
12      for(n=0; n<5; n++)
13      {
        /* 循环并分别输出不同类型的指针所指向的地址和数值 */
14          printf("*pc = %c, pc = %x\n", *pc, pc);
15          printf("*pn = %d, pn = %x\n", *pn, pn);
16          printf("*pf = %f, pf = %x\n", *pf, pf);
17          pc++;                                   /* 增加指针变量的值 */
18          pn++;
19          pf++;
20      }
21      getch( );                                    /* 暂停 */
22      return 0;                                     /* 返回 */
23  }                                                /* 主函数完 */
```

【代码解析】 代码第 13 ～ 20 行，就是分别对不同类型的指针变量进行增加，并输出指针变量的值和该地址上的数值。可以从输出结果中看到，不同类型的指针每增加 1，其实其指向变量的数值是数组中下一个元素的数值。所以现在得到一个结论，指针同整 n 的加减法，其实是把指针向前或者向后移动 n 个对应类型的存储单元。于是可以得到如下一个公式：

新地址 = 旧地址 ± $n*$ 指针指向的变量所占用的内存字节数

在 16 位机中，每个 char 型占用 1 个字节，int 型占用 2 个字节，float 型占用 4 个字节。其不同类型的指针计算方法如下：

- 指针 pc，每增加 1，其实是 $1×1=1$，新地址 = 旧地址 +$1×1$。初始值为 0xffa2，增加 1 后变成 0xffa3。
- 指针 pn，每增加 1，其实是 $1×2=2$，新地址 = 旧地址 +$1×2$。初始值为 0xffa8，增加 1 后变成 0xffaa。
- 指针 pf，每增加 1，其实是 $1×4=4$，新地址 = 旧地址 +$1×4$。初始值为 0xffb2，增加 1 后变成 0xffb6。

【运行效果】　编译并执行程序后，其结果如图 9.6 所示。也证明不同类型的指针增加 1 其移动长度不同。

注意：当移动指针时，数据类型为 int 型的指针只能用来指向 int 变量，不能用以指向其他类型的变量。例如：如果一定要用 int 型指针指向一串 float 型数组，当移动指针时，增加 1，还是自动按照 int 型移动 2 个字节，而不是 4 个字节。

```
*pc = a,  pc = ffa2
*pn = 1,  pn = ffa8
*pf = 0.100000,  pf = ffb2
*pc = b,  pc = ffa3
*pn = 2,  pn = ffaa
*pf = 0.200000,  pf = ffb6
*pc = c,  pc = ffa4
*pn = 3,  pn = ffac
*pf = 0.300000,  pf = ffba
*pc = d,  pc = ffa5
*pn = 4,  pn = ffae
*pf = 0.400000,  pf = ffbe
*pc = e,  pc = ffa6
*pn = 5,  pn = ffb0
*pf = 0.500000,  pf = ffc2
```

图 9.6　不同类型指针的移动结果

9.3.2　指针变量的关系运算

在一定条件下，两个指针可以进行关系运算，例如：两个变量指向同一个数组中的元素，如果两个指针进行比较，在前面的元素的指针变量"小于"指向后面元素的指针变量。当两个指针相等时，说明这两个指针指向同一元素。

9.4　指针与函数的关系

在 6.3 节的函数调用中，对函数的传值调用进行了详细的介绍，现在将对函数的另外一个传地址调用进行详细介绍。

9.4.1　指针作为参数

通过 7.5 节字符数组元素作为函数参数的介绍，相信各位读者已经知道，实质上当数组作为参数时，其向函数传递的是数组的首地址。而数组名就是一个指向数组首地址的指针常量（9.5 节进行介绍）。所以，向函数传递数组其实是将指针作为参数的传地址调用。

同时由于指针就是地址，所以调用函数时，系统是将实参的地址复制给对应的形参指针，使形参指针指向实参地址。在被函数中对形参指针指向的改变，将改变实参的值。

【实例 9.4】　用指针作为函数的参数，对两个变量值进行交换，最后输出两个变量的数值。如示例代码 9.4 所示。

示例代码9.4　对两个变量值进行交换

```
01 #include "stdio.h"                /*包含系统函数头文件*/
02 void swap(int *p, int *q)         /*指针作为函数的参数*/
03 {
04     int t = *p;
05     *p = *q;                      /*交换指针指向的变量的值*/
06     *q = t;
07 }
08
09 int main(void)                    /*主函数*/
10 {
```

125

```
11          int a = 10;
12          int b = 20;
13          printf("a = %d, b = %d\n",a,b);
14          swap(&a,&b);                              /* 调用交换函数 */
15          printf("a = %d, b = %d\n",a,b);
16          getch( );                                 /* 暂停 */
17          return 0;                                 /* 返回 */
18      }                                             /* 主函数完 */
```

【代码解析】 代码第 14 行调用函数 swap 时，因为函数 swap（）的参数是两个 int 型指针，所以调用时，只能传递给函数 swap（）两个实参的地址值。代码第 3 ～ 7 行，是函数 swap（）的实现，在其中对形参指针指向的值进行了交换。

从图 9.7 中可以看出，将指针作为函数的形参，对其指向的值的改变，也将影响实参的值。最后输出 a 和 b 的值也改变了。指针作为函数参数的时候，能够修改函数外的数据，所以指针使用起来却更灵活。

【运行效果】 编译并执行程序后，其最后输出结果如图 9.7 所示。

注意：也正因为指针使用起来非常灵活，可以指向内存中的任意数据，所以要谨慎对待指针作为函数参数使用。

```
a = 10, b = 20
a = 20, b = 10
```

图 9.7 对两个变量值进行交换结果

有时候为了避免指针作为函数参数导致函数外数据被意外修改，就需要使用 const 来保护指针指向的数据不被意外修改。

【实例 9.5】 在第 8 章中已经学习过字符串的拷贝函数，现在通过自己定义两个函数，来实现对整型和浮点型数组的拷贝。如示例代码 9.5 所示。

示例代码9.5　数组的复制

```
01  #include "stdio.h"                               /* 包含系统函数头文件 */
02
03  int iCpy(int * pDest, int * pSrc, int slen);     /* 声明自定义的拷贝函数 */
04  int fCpy(float * pDest, float * pSrc, int slen);
05  void idisp(int *p, int len);                     /* 声明自定义的显示函数 */
06  void fdisp(float *p, int len);
07  int main(void)                                   /* 主函数 */
08  {
09      int    a[]  = {1,3,5,7,9};                   /* 定义int型数组 */
10      int  b[5]  = {0};
11      float  fa[]  = {2.5,3.1,1.4,2.8,9.9};        /* 定义float型数组 */
12      float  fb[5] = {0};
13      int i      = 0;
14      iCpy(b, a, 5);                               /* 调用自定义的int型拷贝函数 */
15      fCpy(fb, fa, 5);                             /* 调用自定义的float型拷贝函数 */
16      idisp(a, 5);                                 /* 调用自定义的int型显示函数 */
17      idisp(b, 5);
18      fdisp(fa, 5);                                /* 调用自定义的float型显示函数 */
19      fdisp(fb, 5);
20      getch();                                     /* 暂停 */
21      return 0;                                    /* 返回 */
```

```
22 }                                          /*主函数完*/
23
24 int iCpy(int * pDest, int * pSrc, int slen)    /*自定义的拷贝函数*/
25 {
26     int i = 0;
27     for(i=0; i<slen; i++)
28     {
29         *(pDest + i) = *(pSrc + i);        /*遍历源数组的元素，并逐个赋值到目的数组*/
30     }
31
32     return i;                              /*返回最后长度*/
33 }
34
35 int fCpy(float * pDest, float * pSrc, int slen)   /*自定义的拷贝函数*/
36 {
37     int i = 0;
38     for(i=0; i<slen; i++)
39     {
40         *(pDest + i) = *(pSrc + i);        /*遍历源数组的元素，并逐个赋值到目的数组*/
41     }
42
43     return i;
44 }
45
46 void idisp(int *p, int len)                 /*自定义的显示函数*/
47 {
48     int i = 0;
49     for(i=0; i<len; i++)
50     {
51         printf("%d ", *(p+i));             /*显示指针指向的值*/
52 }
53     printf("\n");
54 }
55
56 void fdisp(float *p, int len)               /*自定义的显示函数*/
57 {
58     int i = 0;
59     for(i=0; i<len; i++)
60     {
61         printf("%f ", *(p+i));             /*显示指针指向的值*/
62     }
63     printf("\n");
64 }
```

【代码解析】 代码第 24 ~ 64 行，分别定义了 int 型拷贝、float 型拷贝、int 型显示和 float 型显示函数，其都是用指针作为函数的参数，也只能通过指针作为函数的参数，才能实现拷贝。

【运行效果】 编译并执行程序后，最后输出结果如图 9.8 所示。

```
1 3 5 7 9
1 3 5 7 9
2.500000 3.100000 1.400000 2.800000 9.900000
2.500000 3.100000 1.400000 2.800000 9.900000
```

图9.8 数组的拷贝结果

9.4.2 指针作为返回值

一个函数既然可以返回一个整型、字符型、实型，指针作为一种数据类型，当然可以被函数返回，其间概念类似，只是返回值的类型是指针类型而已。这种返回值为指针类型的函数，一般被称为指针函数。定义一个指针函数格式如下：

```
数据类型 * 函数名(参数表)
{
    函数实现;
}
```

其和一般函数定义的要求是一样的，函数名必须是由符合 C 语言规范要求的标示符组成的。函数的返回值必须是指针。

例如：定义一个返回值为指向整型的指针函数。

```
int * func(int *a, int b)
{
    ...
    return p;
}
```

其中，函数名为 func（），调用其后可以得到一个指向整型数据的指针。

【实例 9.6】 比较两个数的大小，并返回较大值的指针。如示例代码 9.6 所示。

示例代码9.6 求两个数中的最大数

```
01  #include "stdio.h"                      /*包含系统函数头文件*/
02
03  int * max(int *a, int *b)               /*定义求最大值指针函数*/
04  {
05      if(*a>*b)                           /*比较两个指针所指向的数值大小*/
06      {
07          return a;                       /*a比较大，返回a的指针*/
08      }
09
10      return b;                           /*b比较大，返回b的指针*/
11  }
12
13  int main(void)                          /*主函数*/
14  {
15      int a  = 0;                         /*初始化变量*/
16      int b  = 0;
17      int *p = NULL;
18      printf("Please input 2 number: ");
19      scanf("%d %d",&a,&b);               /*接收用户输入的数据*/
```

```
20     p = max(&a, &b);                        /*得到指向最大值的指针*/
21     printf("max is %d\n", *p);
22     getch( );                               /*暂停*/
23     return 0;                               /*返回*/
24 }                                           /*主函数完*/
```

【代码解析】 代码第 3 ～ 11 行，定义和实现了求两个数最大值的指针函数。要注意的是，最后返回时，都是返回的指针变量，而不是指针变量所指向的数值。

【运行效果】 编译并执行程序后，输入"30 12"后，最后输出结果如图 9.9 所示。

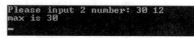

图9.9 求数组中最大数结果

注意：如果返回的指针变量是在函数内部自己定义的，那么返回给主调函数就没有任何意义，并且会出现错误。因为返回指针类型给主调函数时，只能是函数内声明的静态变量或者在函数外还起作用的变量。

9.4.3 函数指针

顾名思义，函数指针是指向函数的指针变量。因而"函数指针"本身首先应是指针变量，只不过该指针变量指向函数。这正如用指针变量可指向整型变量、字符型、数组一样，这里是指向函数。

C 语言系统在编译时，同样会为每一个函数分配一个内存地址，并且每个函数都有一个入口地址，该入口地址就是函数指针所指向的地址。有了指向函数的指针变量后，可用该指针变量调用函数，就如同用指针变量可引用其他类型变量一样，在这些概念上是一致的。函数指针有两个用途：

① 调用函数（由于本书属于初级教程，所以只对调用函数进行介绍）。

② 做其他函数的参数。

函数指针的定义格式如下：

数据类型(*指针变量名)(形参列表);

其中，数据类型说明该函数的返回类型，同时由于"( )"的优先级高于"*"，所以指针变量名外的圆括号必不可少，后面的"形参列表"表示指针变量指向的函数所带的参数列表。

例如：声明一个函数和函数指针，并将该函数的首地址赋值给指针。其如下所示：

```
int func(int x);                    /* 声明一个函数 */
int (*f) (int x);                   /* 声明一个函数指针 */
f=func;                             /* 将func函数的首地址赋给指针f */
```

赋值时函数 func 不带括号，也不带参数，由于 func 代表函数的首地址，因此经过赋值以后，指针 f 就指向函数 func（x）的代码的首地址。

【实例 9.7】 定义一个函数指针，并使用该函数指针进行函数调用，求数组中最大和最小值。最后输出结果如示例代码 9.7 所示。

示例代码9.7 求数组中的最大和最小值

```
01 #include "stdio.h"                      /*包含系统函数头文件*/
02
03 int * max(int *array,int len)
```

```
04  {
05      int * p = &array[0];                    /*默认指向数组首元素*/
06      int i  = 0;
07      printf("Call max function\n");
08      for(i=1; i<len; i++)
09      {
10          if(*p< array[i])
11          {
12              p = &array[i];                  /*改变指针指向最大值*/
13          }
14      }
15
16      return p;                               /*返回数组中最大值的指针给调用函数*/
17  }
18
19  int * min(int *array,int len)
20  {
21      int * p = &array[0];                    /*默认指向数组首元素*/
22      int i  = 0;
23      printf("Call min function\n");
24      for(i=1; i<len; i++)
25      {
26          if(*p> array[i])
27          {
28              p = &array[i];                  /*改变指针指向最小值*/
29          }
30      }
31
32      return p;                               /*返回数组中最小值的指针给调用函数*/
33  }
34
35  int main(void)                              /*主函数*/
36  {
37      int array[5] = {333,22,443,288,51};
38      int *(*f)(int *a, int len);             /*定义函数指针*/
39      int *p  = NULL;
40      f = max;                                /*给函数指针赋值*/
41      p = f(array, 5);                        /*调用函数*/
42      printf("max number in array %d\n", *p);
43      f = min;                                /*重新给函数指针赋值*/
44      p = f(array,5);                         /*调用函数*/
45      printf("min number in array %d\n", *p);
46      getch( );                               /*暂停*/
47      return 0;                               /*返回*/
48  }                                           /*主函数完*/
```

【代码解析】 代码第 38 行，定义了一个函数指针，该函数指针所指向的函数结构，必须是返回值为 int 型指针，并且有两个参数，一个是 int 型的指针或者数组，另一个是 int 型的变量。代码第 40 行是给函数指针赋值，指向 max（）函数。代码第 41 行是通过函数指针调用 max（）函数，求数组中的最大值。代码第 43 行是重新给函数指针赋值，指向 min（）函数。所以代码第 44 行，就是调用 min（）函数，求数组中的最小值。从结果图中也可以看到函数调用过程。

【运行效果】　编译并执行程序后，最后输出结果如图 9.10 所示。

图9.10　求数组中的最大和最小值结果

9.5　数组与指针

在 C 语言中，由于指针是一种数据类型，所以可以用其来定义指针变量，同样，也可以用其来定义指针数组。

9.5.1　指针数组的定义和引用

指针数组的定义格式如下：

```
数据类型 * 数组名[大小];
```

其中，数据类型规定了该数组中每个元素，即每个指针指向数据类型。例如：

```
int * npArray[5];              /*定义包含5个int型的指针元素的数组*/
float * fpArray[5];            /*定义包含5个float型的指针元素的数组*/
```

同时，由于"[ ]"的优先级比"*"高，所以 npArray 先与 [5] 结合，形成 npArray[5] 的形式，即数组的形式，其包含 5 个元素。然后再与 npArray 前面的"*"结合，表示此数组是指针类型的，每个元素都是指针变量。

如果要引用这两个数组中的元素，可以使用如下格式：

```
npArray[0];                    /*int型指针*/
fpArray[3];                    /*float型指针*/
```

9.5.2　一维数组中元素的指针表示法

一维数组中元素的指针表示法如下：

```
int array[5];
```

其中，array 是一维数组名，其包含 5 个 int 型的元素。如果用下标的方法来表示其中的元素，如下所示。

```
array[i]                       /*其中,i=0,1,2,3,4*/
```

而如果用指针的方法来表示，如下所示。

```
*(array+i)                     /*其中,i=0,1,2,3,4*/
```

因为在 C 语言中规定，数组名就是指向数组首地址的常量指针，所以在一维数组中，数组中的第 i 个元素可以用上面的方式表示。

【实例 9.8】　用两种不同的方式来遍历数组中元素，并输出到屏幕上，如示例代码 9.8 所示。

示例代码9.8　两种方式来表示数组元素

```
01  #include "stdio.h"                          /*包含系统函数头文件*/
02
03  int main(void)                              /*主函数*/
04  {
05      int array[10] = {1,5,88,882,13,333,22,98,23,45};
06      int i = 0;
07      for(i=0; i<10; i++)
08      {
09          printf("%d ", array[i]);            /*遍历数组,用下标法输出数值*/
10      }
11      printf("\n");
12      for(i=0; i<10; i++)
13      {
14          printf("%d ", *(array+i));          /*遍历数组,用指针表示法输出数值*/
15      }
16      printf("\n");
17      getch( );                               /*暂停*/
18      return 0;                               /*返回*/
19  }                                           /*主函数完*/
```

【代码解析】 代码第9行是用下标方式来表示数组元素，第14行是用指针方式来表示数组元素。

【运行效果】 编译并执行程序后，最后输出结果如图9.11所示。

图9.11　两种方式来表示数组元素结果

9.5.3　二维数组的指针表示法

二维数组的指针表示法如下：

```
int array[3][3];
```

其中，array 是二维数组名，其有 9 个 int 型的元素，如果用下标的方法来表示其中的元素，如下所示。

```
array[i][j]                                    /*其中,i=0,1,2; j=0,1,2*/
```

而如果用指针的方法来表示，如下所示。

```
*(*(array+i)+j)                                /*其中,i=0,1,2; j=0,1,2*/
```

可以把一个二维数组看作是一个一维数组，其元素又是一个一维数组。对 array[3][3] 来说，可以认为其是具有 3 个元素的一维数组，暂称为行数组，而其中每个元素又是具有 3 个元素的一维数组，暂称为列数组。这样，可以把 array[3][3] 看成由 3 个元素的一维行数组和 3 个元素的一维列数组组成。

前面已经讲过了一维数组的指针表示方法。现在将二维数组的行和列的一维数组都用指针来表示，便得到前面所述的形式。如果将二维数组的行数组用下标来表示，列数组用指针来表示，可以得到如下形式：

```
*(array[i]+j)
```

【实例 9.9】 用指针变量输出二维数组中各元素的值，如示例代码 9.9 所示。

示例代码9.9 输出二维数组中各元素的值

```
01 #include "stdio.h"                          /*包含系统函数头文件*/
02
03 int main(void)                              /*主函数*/
04 {
05     int a[3][3] = {{2,8,16},{1,5,6},{7,8,56}};
06     int *p = NULL;
07     for(p=a; p<a[0]+9; p++)                 /*用地址值来判断是否数组结束*/
08     {
09         if((p-a[0])%3 == 0)                 /*每3个元素输出一行*/
10         {
11             printf("\n");
12         }
13         printf("%3d", *p);
14     }
15     getch( );                               /*暂停*/
16     return 0;                               /*返回*/
17 }                                           /*主函数完*/
```

【代码解析】 代码第6行定义了一个指向整型变量的指针,其可以指向整型的数组元素。代码第7行,每次使p的值增加1,移向下一个元素。代码第9~12行是控制一行输出3个元素后,进行换行。

【运行效果】 编译并执行程序后,其最后输出结果如图9.12所示。

图9.12 二维数组中各元素的值输出结果

9.5.4 指针与字符串结合使用

在C语言中有两种方式实现一个字符串,如下所示。

① 用字符数组来实现字符串。用字符数组来实现字符串的方式如下:

```
char str[] = "this is C program";
```

② 用字符指针来实现字符串。用字符指针来实现字符串,不用定义字符串数组,而是直接定义一个字符指针。定义一个字符指针的方式如下:

```
char * pStr;
```

在声明字符指针后,可以直接对其赋值进行初始化,即把字符指针指向字符串。其如下所示:

```
char * pStr = "this is c program";
```

在前面已经做过介绍,这里就不再复述。

注意:字符指针如果指向字符串常量,其内容是不能修改的。但如果指向字符数组,是可以修改的。

【实例9.10】 将若干个字符串按首字母顺序输出到屏幕上。如示例代码9.10所示。

示例代码9.10　字符串按首字母顺序输出

```
01  #include "stdio.h"                              /*包含系统函数头文件*/
02  void sort(char * name[], int len);             /*排序函数*/
03  void print(char * name[], int len);            /*打印函数*/
04
05  int main(void)                                  /*主函数*/
06  {
07      char * name[] = {"China", "Computer", "Examination",
08              "Great Wall","All right"};
09
10      sort(name, 5);                              /*调用排序函数*/
11      print(name, 5);                             /*调用打印函数*/
12      getch( );                                   /*暂停*/
13      return 0;                                    /*返回*/
14  }                                               /*主函数完*/
15
16  void sort(char * name[], int len)               /*排序函数实现*/
17  {
18      int i = 0;
19      int j = 0;
20      int k = 0;
21      char * temp = NULL;
22      for(i=0; i<len-1; i++)                      /*遍历字符串数组*/
23      {
24          k = i;
25          for(j=i+1;j<len;j++)
26          {
27              if(strcmp(name[k], name[j]) > 0)
28              {
29                  k = j;                           /*比较大小*/
30              }
31
32              if(k != i)
33              {
34                  temp = name[i];                  /*进行交换*/
35                  name[i] = name[k];
36                  name[k] = temp;
37              }
38          }
39      }
40  }
41
42  void print(char * name[], int len)              /*打印函数实现*/
43  {
44      int i = 0;
45      for(i=0; i<len; i++)
46      {
```

```
47              printf("%s\n", name[i]);          /*遍历打印整个字符串数组*/
48      }
49 }
```

【**代码解析**】 代码第 7 行，在 main（ ）函数中定义字符串指针数组 name。其包含 5 个元素，每个元素指向一个字符串的首地址，如图 9.13（a）所示。代码第 16 ～ 40 行是定义 sort（ ）函数，其作用是把字符串进行排序，由于其参数 name 也是指针数组，所以在 sort（ ）函数中对 name 数组元素的改变，也会影响实参中的元素。排序后，如图 9.13（b）所示。代码第 42 ～ 49 行是定义 print（ ）函数，其作用是输出数组中各字符串到屏幕上。

图9.13　name数组元素与字符串对应关系

【**运行效果**】 编译并执行程序后，最后输出结果如图 9.14 所示。

图9.14　字符串按首字母顺序
输出结果

9.5.5　命令行参数

指针数组的一个重要的作用是作为主函数 main( ) 的形参。在前面介绍的章节中，所有的 main( ) 总是不带参数的，例如：

```
int main( )
{
    ...
}
```

实际上 main（ ）函数也是可以带上参数的。那么 main（ ）函数参数的值从什么地方传递过来呢？其实，就是由操作系统来传递的。

如果读者朋友用过命令行系统（单击"Windows 开始 | 运行"菜单栏，在弹出的对话框中输入"cmd"，启动 Windows 命令行系统），就会知道在执行一个程序时，可以在命令行上写成如下格式：

程序名　参数1　参数2　… 参数n

这些命令行中的内容（包括程序名）都可以作为参数传给 main（ ）函数。这种传递给 main（ ）函数的参数就被称为命令行参数。

main（ ）函数要接收命令行传递过来的数据，就需要定义一些形参。C 语言中规定 main（ ）函数可以自带两个参数：

① int 型参数，用 argc 表示，其用于表示从命令行传递过来的参数个数。

② 指针数组，用 argv 表示，其用于存放各命令行参数的内容。

带有参数的 main（ ）函数可以写成如下格式：

```
int main(int argc, char * argv[]);
```

例如，要进行文件的重命名操作，命令行中应输入

```
rename oldname newname
```

则 main（ ）函数接收到的参数如图 9.15 所示。

argc 的值为 3，即表示有三个参数输入。argv[0] 总是指向命令名（rename），argv[1] 指向参数 1（oldname），argv[2] 指向参数 2（newname）。

【**实例 9.11**】 编写一个输出主函数中参数值的回显函数。如示例代码 9.11 所示。

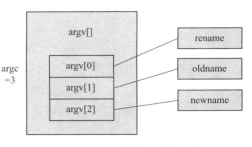

图 9.15 main( )函数接收参数示意图

示例代码9.11 回显系统调用主函数参数值

```
01  #include "stdio.h"                            /*包含系统函数头文件*/
02
03  int main(int argc, char * argv[])            /*主函数*/
04  {
05      int i=0;
06      for(i=0; i<argc; i++)                     /*遍历参数数组*/
07      {
08          printf("%s ", argv[i]);              /*打印参数数组中的元素*/
09      }
10      printf("\n");
11      getch( );                                 /*暂停*/
12      return 0;                                 /*返回*/
13  }                                             /*主函数完*/
```

【**代码解析**】 代码第 6～9 行是遍历主函数中参数数组中的元素，并把这些元素值输出。

【**运行效果**】 编译并执行程序后，在命令行中调用如图 9.16（a）所示，其中 11 是程序名，最后输出结果如图 9.16（b）所示。

(a)   (b)

图 9.16 回显系统调用主函数参数值

9.6 指向指针变量的指针

指向指针变量的指针听上去很不容易理解，其实可以这样认为：指针变量也是变量，其也是有地址值的，所以也可以用指针指向这个地址。指向指针变量的指针的定义和初始化方式如下：

```
int i = 0;                    /*定义一个变量i*/
int *p = &i;                  /*定义一个指针变量p，并赋初始值为i的地址*/
int **pp=&p;                  /*定义一个指向指针变量的指针pp，赋初始值为p的地址*/
```

上面的 int **pp 可以这样理解，其数据类型是 int* 型而不是 int 型的，所以 pp 是指向 int 型指针的指针变量。对 *pp 就是对指针变量 p 的操作。

【实例 9.12】　操作指向指针变量的指针，如示例代码 9.12 所示。

示例代码9.12　指向指针变量的指针

```
01  #include "stdio.h"   /*包含系统函数头文件*/
02
03  int main(void)              /*主函数*/
04  {
05      int n = 100;
06      int i = 188;
07      int * pn = &n;          /*把变量n的地址值赋值给pn*/
08      int **pp = &pn;         /*把指针变量pn的地址值赋值给pp*/
09      printf("n = %d\n", n);
10      printf("pn = %x\n", pn);            /*pn中是n的地址值*/
11      printf("*pn = %d\n", *pn);
12      printf("pp = %x\n", pp);            /*pp中是pn的地址值*/
13      printf("**pp = %d\n", **pp);
14      **pp = 50;              /*对**pp操作相当于对n的操作*/
15      printf("n = %d\n", n);
16      *pp = &i;               /*改变pp中的值,让其指向变量i*/
17      printf("pn = %x\n", pn);     /*pn中保存的地址值变成i的地址值*/
18      printf("*pn = %d\n", *pn);
19      getch( );                   /*暂停*/
20      return 0;                   /*返回*/
21  }/*主函数完*/
```

【代码解析】　代码第 8 行，把指针变量 pn 的地址赋值给 pp，这样 *pp 就代表 pn，所以 **pp 就代表 *pn。代码第 10 行输出的是 pn 中保存的地址值，即变量 n 的地址值。代码第 14 行，改变 **pp 所指向的值，也就改变了 *pn 所指向的变量 n 的值。代码第 16 行，相当于是把 pn 指向的地址值改变为变量 i 的地址值。

图9.17　指向指针变量的指针结果

【运行效果】　编译并执行程序后，其最后输出结果如图 9.17 所示。图中 ffc4 就是变量 n 的地址值（是一个十六进制数），而 ffc8 是指针变量 pn 的地址值。

第10章
结构体、共同体与引用

10.1 结构体的定义与引用

在程序设计中只有基本的数据类型对于某些具体的应用肯定是不够的，所以需要将不同的数据组合在一起，形成一个有机的整体，以便于使用。这些组合在一起的数据间是相互联系的。这就是本节要介绍的结构体。

10.1.1 结构体类型的定义

结构体（struct）是由一系列具有相同类型或不同类型的数据构成的数据集合，也叫结构。在 C 语言中，可以定义结构体类型，将多个相关的变量包装成为一个整体使用。在结构体中的变量，可以是相同、部分相同，或完全不同的数据类型。

在 C 语言中定义一个结构类型的格式如下：

```
struct 结构体名称
{
    成员列表
};                                              /*注意最后的分号*/
```

其中，struct 是结构体定义的关键字，不能省略，表示这是一个"结构体类型"。花括号内是该结构体中的各个成员，由这些成员组成一个结构体。对结构体中的成员都应该进行数据类型的定义。其格式为：

```
数据类型    成员名;
```

注意：对各成员都应进行数据类型声明，而且每个成员类型声明后应该用分号隔开，整个结构声明的最后也是应该有分号的。

例如：要在程序中定义一个关于学生的数据类型，这个学生包含的属性如表 10.1 所示。

表 10.1　学生的属性

属性名称	类型	说明	属性名称	类型	说明
id	int	学号	age	int	年龄
name	char	姓名	score	float	成绩
sex	char	性别	addr	char	地址

用以前的做法定义一个学生就需要下列 6 个变量：

```
int    id;
char   name[10];
char   sex;
int    age;
float  score;
char   addr[30];
```

这样做不仅很难反映各变量之间与学生的联系，而且不方便管理。而如果用数组来表示，又因为其各自数据类型是不同的，所以也不能用数组把其存放在一起的。这时就需要一种能将不同类型的数据组合成一个有机的整体的数据集合。

如果把表 10.1 中的数据定义成结构体，其如下所示：

```
struct student
{
    int  id;                    /*学号*/
    char name[10];              /*姓名*/
    char sex;                   /*性别*/
    int  age;                   /*年龄*/
    float score;                /*成绩*/
    char addr[30];              /*地址*/
}
```

这样，就定义了一个结构体类型"struct student"，表示这是一个"student"的结构体。其包含了 id、name、sex、age、score、addr 等不同类型的数据成员。

有了结构体就可以把这些数据项都与一个特定的学生相联系起来。结构相当于现实中的工具箱，其把各种各样长短不一的工具（数据）全部放在一个箱子（结构）内，变成了一个整体，方便使用。例如，图 10.1 所示的结构数据类型的组合图就可用来描述学号为 11001，姓名为 LiMing 的一个学生。

注意：用 struct 来定义的数据结构是由程序设计者自己定义的，其与系统中的基本数据类型一样可以用来定义变量。

id	name	sex	age	score	addr
11001	LiMing	m	20	500	重庆市

图 10.1　学生结构体描述图

10.1.2　结构体类型变量的定义

由于结构体类型的特殊性，在使用结构体类型定义变量的数据类型时，可以使用 3 种不同的形式定义结构体类型变量。

① 先定义结构体类型，再定义变量，其格式如下所示：

```
struct 结构名 变量名;
```

由于前面已经定义过结构体类型 struct student，所以用其来定义该结构体变量时，就变成如下所示：

```
struct student sd1,sd2;
```

上面就是定义了两个 struct student 结构体类型的变量 sd1 和 sd2，其具有 struct student 类型的结构，如图 10.2 所示，数据空间占用如图 10.3 所示。

sd1

id	name	sex	age	score	addr

sd2

id	name	sex	age	score	addr

图 10.2 sd1 和 sd2 的数据结构图

图 10.3 各成员数据空间占用示意

注意：定义一个结构体时并不分配内存，内存分配发生在定义这个新数据类型的变量中。结构体中的成员总是按照其定义顺序分配内存空间的。

定义结构体类型的变量和定义基本类型的变量不同，不仅要求指定变量为结构体类型，而且要求指定为某一特定结构体类型，例如 struct student。不能只指定为"struct 型"，而不指定结构体名。而在定义变量为整型时，只需要定义为 int 型即可。换句话说，可以定义许多种具体的结构体类型。

② 在定义结构体类型的同时定义变量，其格式如下：

```
struct 结构体名称
{
        成员列表
}变量名列表;
```

其作用与前面的定义相同，也是用于定义结构体变量，只是在定义结构体时将变量同时定义了。例如：

```
struct student
{
    int        id;
    char       name[10];
    char       sex;
    int        age;
    float      score;
    char       addr[30];
}sd1,sd2;
```

上面的例子也是定义了两个 struct student 类型的变量 sd1 和 sd2。

③ 直接用结构体去定义该结构体变量。其格式如下：

```
struct
{
        成员列表
}变量列表;
```

该定义方法不出现结构体名称，直接用结构体去定义结构体变量。例如：

```
struct
{
        int          id;
        char         name[10];
        char         sex;
        int          age;
        float        score;
        char         addr[30];
}sd1,sd2;
```

通过 3 个定义方式，可以看出：结构体类型与普通类型是不同的概念，对结构体来说，必须先定义好结构体类型，然后才能定义该结构体类型变量。

技巧：如果程序的规模比较大，应该将结构体类型的定义放在一个头文件中（.h 文件），哪个源文件需要用到这些结构体类型，就可以用 #include 命令将该头文件包含到本源文件中，这样便于修改和使用。

10.1.3 结构体类型变量的初始化

定义一个结构体变量后，就需要对其进行初始化或者赋值才能使用，对结构体变量的初始化或者赋值有如下两种：

① 可以用数据集合对结构体变量进行初始化。

```
struct student
{
        int          id;
        char         name[10];
        char         sex;
        int          age;
        float        score;
        char         addr[30];
}sd = {10123, "LiMin",'M',16,89.5, "重庆市"};
```

类似于对数组的初始化，中间是用逗号分隔，数据个数必须和结构体成员个数相同，而且数据的类型必须与所对应的成员的数据类型一致。

② 逐个对成员进行赋值。

```
struct student
{
        int          id;
        char         name[10];
        char         sex;
        int          age;
        float        score;
        char         addr[30];
}sd;

sd.id = 10123;
strcpy(sd.name, "LiMin");                    /*字符数组不能直接赋值，只能使用字符串复制函数*/
sd.sex='M';
sd.age=16;
```

141

```
sd.score=89.5;
strcpy(sd.addr, "重庆市");
```

注意：结构体成员名与程序中变量名可相同，不会被混淆。

10.1.4　结构体类型变量的引用

一旦定义好相应结构体变量，分配了内存空间后，就可以使用结构体成员操作符 "." 来访问结构体中的成员。其访问格式如下：

结构体变量名.结构体成员名

结构体变量名，即使用结构体类型定义的变量名；结构体成员名，即结构体定义的成员名。但在引用时，有几点需要注意：

① 不能将一个结构体变量作为普通变量进行输入与输出。例如：

已经定义好 struct student 结构体及其变量 sd，并且所有的成员都已经初始化过。但在使用时，不能像如下所示的使用：

```
printf("%d,%s,%c,%d,%f,%s\n", sd);
```

而只能够对结构体中每个成员进行分别输出。

```
printf("%d,%s,%c,%d,%f,%s\n, sd.id, sd.name, sd.sex,sd.age,sd.score,sd.addr");
```

② 对成员变量可以像普通变量一样进行各种运算。例如：

```
sd.id = 10001;                          /*将id号改变成10001*/
sd.age ++;                              /*增加学生变量的年龄*/
sd.score += 9.5;                        /*增加学生成绩*/
```

③ 可以引用成员的地址，也可以引用结构体变量的地址。例如：

```
scanf("%d", &sd.age);                   /*输入学生变量sd的age*/
printf("%x", &sd);                      /*输出结构体变量的地址*/
```

【实例 10.1】　下面用程序来说明对结构体成员的访问和存取，如示例代码 10.1 所示。

示例代码10.1　对结构体成员的访问和存取

```
01 #include "stdio.h"                    /*包含系统函数头文件*/
02 #include "string.h"                   /*包含字符串处理函数头文件*/
03
04 struct student                        /*定义结构体*/
05 {
06     int        id;                    /*定义结构体成员*/
07     char       name[10];
08     char       sex;
09     int        age;
10     float      score;
11     char       addr[30];
12 };
13
14 int main(void)           /*主函数*/
15 {
16     struct student sd = {{0}};                    /*定义结构体变量并初始化*/
17
18     printf("Please input student info (id,name,sex,age,score,addr) : \n");
```

```
                  /*接收用户输入的数据*/
19      scanf("%d %s %c %d %f %s", &sd.id, sd.name,&sd.sex, &sd.age,
20          &sd.score, sd.addr);
                  /*显示一下用户输入的数据*/
21      printf("%d,%s,%c,%d,%0.2f,%s\n",
22              sd.id, sd.name,sd.sex,sd.age,sd.score,sd.addr);
23      sd.id++;                             /*修改id号*/
24      sd.age += 2;                         /*增加年龄数*/
                  /*再次显示一下用户输入的数据*/
25      printf("%d,%s,%c,%d,%0.2f,%s\n",
26              sd.id, sd.name,sd.sex,sd.age,sd.score,sd.addr);
27      getch( );                            /*暂停*/
28      return 0;                            /*返回*/
29  }                                        /*主函数完*/
```

【代码解析】 代码第 16 行定义并初始化 struct student 结构体的变量 sd。代码第 23 和 24
是把结构体变量 sd 的成员 id 和 age 进行运算操作。

【运行效果】 编译并执行程序后，最后输出结果如图 10.4 所示。

图10.4 结构体成员的访问和存取

10.1.5 结构体类型的指针

由于结构体类型的变量也是分配了内存空间的，既然有内存空间，当然就会有地址，有
地址自然就可以定义指向结构体类型的指针。在程序中定义指向结构体类型的指针有着非常
实际的意义，并且被广泛使用。其中比较重要的应用有三个：

① 通过结构体指针来描述程序中的链表、堆栈、树、图等复杂数据结构（会在后面的章
节进行介绍）。

② 通过结构体指针用于动态分配结构体对象。通过动态分配的一组相连的结构体对象还
可以用于进行动态数组的分配。

③ 通过结构体指针用于按地址传递结构体参数给函数进行处理。

定义一个结构体指针与结构体变量相似，其格式如下：

struct 结构名 *指针变量名；

或者是在定义结构体时，定义结构体变量和结构体指针变量，其格式如下：

struct 结构名

{

　　成员列表

}结构体变量，*结构体指针变量名；

例如：定义一个 struct student 结构体指针。

struct student

{

　　int   id;

　　char   name[10];

```
    char        sex;
    int         age;
    float       score;
    char        addr[30];
}sd, *psd;                                    /*定义结构体变量和结构体指针变量*/
```

其中，注意 "*" 必须在指针变量名前。有了结构体指针后，可以通过取地址 "&" 操作，得到结构体变量的地址。例如：

```
psd = &sd;
```

结构体指针 psd 指向结构体变量 sd 的地址示意图如图 10.5 所示。

而如果要用结构体指针来访问其成员变量，必须通过 "->" 来进行。其格式如下：

```
结构体指针变量名->成员名;
```

【实例 10.2】 定义一个 student 类型的结构体变量和指针变量，然后用指针变量来进行成员的访问和存取，如示例代码 10.2 所示。

图 10.5 psd 指向结构体变量 sd 示意图

示例代码10.2　结构体指针变量访问和操作成员

```
01 #include "stdio.h"                         /*包含系统函数头文件*/
02 #include "string.h"                         /*包含字符串处理函数头文件*/
03 struct student
04 {
05     int         id;
06     char        name[10];
07     char        sex;
08     int         age;
09     float       score;
10     char        addr[30];
11 }*psd;                                       /*定义指向struct student结构体的指针变量*/
12
13 int main(void)                               /*主函数*/
14 {
15     struct student sd = {{0}};               /*定义结构体变量*/
16
17     psd = &sd;                               /*把结构体变量的地址赋值给指针变量*/
18
19     printf("Please input student info (id,name,sex,age,score,addr) : \n");
20     scanf("%d %s %c %d %f %s", &sd.id, sd.name,&sd.sex, &sd.age,
21         &sd.score, sd.addr);
22     psd->id  = 201;                          /*用结构体指针修改id成员*/
23     psd->age = 22;                           /*用结构体指针修改age成员*/
24     strcpy(psd->addr, "chongqing");          /*用结构体指针修改addr成员*/
25     printf("%d,%s,%c,%d,%0.2f,%s\n",
26             psd->id, psd->name,psd->sex,psd->age,psd->score,psd-> addr);
27     getch( );                                /*暂停*/
28     return 0;                                /*返回*/
29 }                                            /*主函数完*/
```

【代码解析】 代码第 15 行定义并初始化 struct student 结构体的变量 sd。代码第 17 行将变量 sd 的地址赋值给指针变量 psd。代码第 22 ～ 24 行是通过结构体指针变量 psd 来修改 sd 结构体变量的成员 id、age 和 addr。

【运行效果】　编译并执行程序后，从其最后输出结果如图 10.6 所示，发现数据已经被修改成功。

```
Please input student info (id,name,sex,age,score,addr) :
111 xialuo f 20 88.2 chengdu
201,xialuo,f,22,88.20,chongqing
```

图10.6　结构体指针变量访问和操作成员

注意：定义好一个结构变量后，如果用结构指针指向其所在的地址，实质是指针指向结构变量的第一个成员的起始地址，其和数组类似。

10.1.6　结构体数组

在一个结构体变量中可以存放一组数据（如包含一个学生的相关信息）。但如果有很多学生呢？这就需要用到数组。而这种类型的数组被称为结构体数组。其与基本数据类型的数组不同，其每一个元素都是一个结构体类型的数据，都分别包含了各个成员。

结构体数组定义的格式如下所示：

```
struct 结构体名 数组名[大小];
```

例如，定义一个学生信息类型的结构体数组：

```
struct student
{
    int         id;
    char        name[10];
    char        sex;
    int         age;
    float       score;
    char        addr[30];
};
struct student sda[5];                  /*定义包含5个学生信息类型的结构体数组*/
```

上面的例子是在定义完结构体后，再定义的包含 5 个学生信息类型的结构体数组，也可以在定义结构体时，直接定义一个学生信息类型的结构体数组。例如：

```
struct student
{
    int         id;
    char        name[10];
    char        sex;
    int         age;
    float       score;
    char        addr[30];
}sda[5];                                /*直接定义包含5个学生信息类型的结构体数组*/
```

数组定义后，其可以被想象成为如表 10.2 所示的样子。

但要注意，数组是在内存中连续存放的，并不像表 10.2 的样子。所以其在内存的空间存放应当如图 10.7 所示。

表 10.2　结构体数组示意

	id	name	sex	age	score	addr
sda[0]	1001	xiaoming	M	18	68.5	108 chongqing road
sda[1]	1002	lulu	F	19	85.5	203 zhejiang road
sda[2]	1003	wanghao	M	22	88.5	9 chongqing road
sda[3]	1005	zhangxian	M	20	85,5	122 lianglu road
sda[4]	1008	liumengdie	F	18	80.6	107 zhengjiayan road

数组必须进行初始化后，才能使用。对数组进行初始化，可以在定义结构体时进行，例如：

```
struct student
{
    int        id;
    char       name[10];
    char       sex;
    int        age;
    float      score;
    char       addr[30];
}sda[3] = {{1001,"xiaoming", 'M', 18, 68.5, "108 chongqing road"},
         {1002,  "lulu",'F', 19, 85.5, "203 zhejiang road"},
         {1003,  "wanghao", 'M',22,88.5, "9 chongqing road"}};
```

当然也可以在定义完结构体后，在定义数组时进行初始化。例如：

```
struct student  sda[] =
         {{1001,"xiaoming", 'M', 18, 68.5, "108 chongqing road"},
         {1002,  "lulu",'F', 19, 85.5, "203 zhejiang road"},
         {1003,  "wanghao", 'M',22,88.5, "9 chongqing road"}};
```

1001
xiaoming
'M'
18
68.5
"108 chongqing road"
1002
lulu
F
19
85.5
"203 zhejiang road"
...

图 10.7　sda 结构体数组在内存中的存放

在程序代码编译时，系统会根据给定的初始值结构体变量的个数来确定数组的大小。

【实例 10.3】　接收用户输入的学生学号，并在屏幕上显示该学生的相关信息。如示例代码 10.3 所示。

示例代码10.3　学生信息查询

```
01  #include "stdio.h"                    /*包含系统函数头文件*/
02
03  struct student                        /*定义学生信息结构体*/
04  {
05      int        id;
06      char       name[10];
07      char       sex;
08      int         age;
09      float      score;
10      char       addr[30];
11  };
12
13  int main(void)                        /*主函数*/
```

```
14  {
15          /*定义并初始化结构体数组sda*/
16          struct student sda[5] ={
17              {1001,"xiaoming",'M',18,68.5,"108 chongqing road"},
18              {1002,"lulu",'F',19,85.5,"203 guangzhou road"},
19              {1003,"linlin",'F',20,73.8,"33 zhejiang road"},
20              {1004,"qinliang",'M',19,85.5,"203 fujian road"},
21              {1005,"wanghao",'M',22,88.5,"9 chongqing road"}};
22
23          int id = 0;
24          int n  = 0;
25          printf("please input student id :");         /*提示用户输入*/
26          scanf("%d", &id);                            /*接收用户输入*/
27          for(n=0; n<5; n++)
28          {
29              if(id == sda[n].id)                      /*如果找到id相同的，输出信息*/
30              {
31                      printf("%d,%s,%c,%d,%0.2f,%s\n",
32                      sda[n].id, sda[n].name,sda[n].sex,
33                      sda[n].age,sda[n].score,sda[n].addr);
34                      break;                           /*跳出循环*/
35              }
36          }
37          if(n == 5)
38          {
39              printf("not found\n");                   /*如果循环遍历完都没有找到，给出提示*/
40          }
41          getch( );                                    /*暂停*/
42          return 0;                                     /*返回*/
43  }                                                    /*主函数完*/
```

【**代码解析**】 代码第 16～21 行是定义并初始化 struct student 结构体数组 sda。代码第 27～35 行，是遍历整个数组，并对其每个元素中的成员 id 与用户输入的 id 进行比较。如果找到，就输出该学号对应的学生信息。

【**运行效果**】 编译并执行程序后，输入有数据的"1003"，其输出结果如图 10.8（a）所示，如果输入数组中没有的数据"1008"，其输出结果如图 10.8（b）所示。

(a)   (b)

图10.8 学生信息查询结果

10.1.7 在结构中包含其他结构

结构体就像一个大社区，里面又可以有很多小社区，而且小社区中还可以有各种各样的房屋，每个房屋又可以风格不同。换句话说，结构体中还可以有各种普通的数据类型和指针，也可以包含其他结构体变量，而且其他结构体变量中还可以再包含其他结构体变量。

① 在结构体中包含指针变量。在 C 语言中，结构体变量中可以包含指针型变量，例如 char 型、int 型、float 型和 double 型等指针变量。例如：

```
struct data
{
    char * pstr;                        /*char 型指针*/
    int * pnum;                         /*int 型指针*/
    float * pf;                         /*float 型指针*/
    double pd;                          /*double 型指针*/
};
```

② 在结构体中包含数组。同样，结构体中也可以包含数组，例如：

```
struct demo
{
    char phonenum[12];                  /*char 型数组*/
    int  num[12];                       /*int 型数组*/
    ...
};
```

③ 在结构体中包含其他结构体变量。结构体中还可以包含其他结构体变量。例如，定义床结构体。

```
struct bedstru
{
    int        length;                  /*长度*/
    int        width;                   /*宽度*/
    int        height;                  /*高度*/
};
```

然后，又可以在宾馆房间信息结构体中再定义一个床结构体变量，例如：

```
struct rooms
{
    int        num;
    int        tvnum;
    char       phonenum[15];
    struct bedstru bed;                 /*床结构体变量*/
}room;
```

如果是这种形式的结构体，则要用多个"."号来一级一级地找到最低级的一个成员。而且只能对最低级的成员进行赋值或者存取以及运算。

例如，要访问 room 结构体变量中的 bed 中的成员，其格式如下：

```
room.bed.length;
room.bed.width;
room.bed.height;
```

这种结构体中嵌套其他结构体的变量，其在内存中的空间占用如图 10.9 所示。

【实例 10.4】 对嵌套型的结构体变量进行访问和数据修改。如示例代码 10.4 所示。

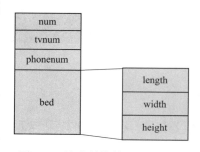

图 10.9　嵌套结构体的空间占用

示例代码10.4　对嵌套型的结构体变量进行访问和数据修改

```
01  #include "stdio.h"                                  /*包含系统函数头文件*/
02  #include "string.h"                                 /*包含字符串处理头文件*/
03
04  struct bedstru                                      /*定义床结构体*/
05  {
06      int      length;                                /*长度*/
07      int      width;                                 /*宽度*/
08      int      height;                                /*高度*/
09  };
10
11  struct rooms                                        /*定义房间结构体*/
12  {
13      int          num;
14      int          tvnum;
15      char         phonenum[15];
16      struct bedstru  bed;                            /*床结构体变量*/
17  };
18
19
20  int main(void)                                      /*主函数*/
21  {
22      struct rooms room;                              /*嵌套结构体变量*/
23      room.num    = 2012;                             /*访问成员*/
24      room.tvnum  = 1;
25      strcpy(room.phonenum, "010-12345678");
26      room.bed.length  = 200;                         /*修改嵌套在结构体中的床结构体的成员*/
27      room.bed.width   = 180;
28      room.bed.height  = 50;
29      printf("room %d %d %s\n",room.num, room.tvnum, room.phonenum);
30      printf("bed : %d %d %d", room.bed.length, room.bed.width, room.bed.height);
31      getch( );                                       /*暂停*/
32      return 0;                                       /*返回*/
33  }                                                   /*主函数完*/
```

【代码解析】　代码第 11 ～ 16 行是定义房间结构体 struct rooms。代码第 16 行，是定义在结构体 struct rooms 中另外一个结构体 struct bedstru 变量 bed。代码第 26 ～ 28 行，是对嵌套在结构体中另外一个结构体变量 bed 的成员的修改。

【运行效果】　编译并执行程序后，其最后输出结果如图 10.10 所示。

图 10.10　对嵌套型的结构体变量进行访问和数据修改结果

10.1.8　结构与函数的关系

有时候需要将一个结构体变量的值传递给另外一个函数进行处理，但在 C 语言中不允许直接将结构体变量作为函数的参数。那是不是就没有办法将结构体变量传递给其他函数处理呢？不是的。在 C 语言中有两种方法可以实现：

① 用结构体变量的成员作为函数的参数。例如，sd.id、sd.age、room.num 等作为函数的参数，将实参的值传给形参，其用法与普通变量作为参数相同，属于"数值传递"。

【实例 10.5】 结构体变量的"数值传递"如示例代码 10.5 所示。

示例代码10.5　结构体变量的"数值传递"

```
01  #include "stdio.h"                                /* 包含系统函数头文件 */
02
03  struct datestru                                   /* 定义日期结构体 */
04  {
05      int year;
06      int month;
07      int day;
08  };
09
10  void dateprint(int year, int month, int day)      /* 定义打印函数 */
11  {
12      printf("Today is %d-%d-%d", year, month, day);
13  }
14
15  int main(void)                                    /* 主函数 */
16  {
17      struct datestru  date = {2010,8,18};
        /* 调用 dateprint 函数时，直接把结构体变量的成员作为参数传递出去 */
18      dateprint(date.year, date.month,date.day);
19      getch( );                                     /* 暂停 */
20      return 0;                                      /* 返回 */
21  }/* 主函数完 */
```

【代码解析】 代码第 18 行是调用 dateprint（ ）函数，直接把结构体变量 date 的成员作为实参传递到函数中进行处理。

【运行效果】 编译并执行程序后，最后输出结果如图 10.11 所示。

Today is 2010-8-18

图 10.11　结构体变量"数值传递"结果

② 用指向结构体变量的指针作为实参，将结构体变量的地址传给形参。这样在处理时，其形参代表的就是实参。改变形参中成员的数据，将影响到实参。

【实例 10.6】 将结构体变量的地址传递给被调函数处理。如示例代码 10.6 所示。

示例代码10.6　结构体的传地址调用

```
01  #include "stdio.h"                                /* 包含系统函数头文件 */
02
03  struct datestru                                   /* 定义日期结构体 */
04  {
05      int year;
06      int month;
07      int day;
08  };
09
10  void dateprintf(struct datestru * pdate)          /* 定义打印日期函数，参数是结构体指针 */
```

```
11  {
12      printf("day is %d-%d-%d\n", pdate->year, pdate->month, pdate->day);
13  }
14
15  void datemodify(struct datestru * pdate)          /*定义修改日期函数，参数是结构体指针*/
16  {
17      pdate->year  =2011;                           /*修改形参中成员的值*/
18      pdate->month = 11;
19      pdate->day  = 11;
20  }
21
22  int main(void)                                    /*主函数*/
23  {
24      struct datestru  date = {2010,8,18};
25      dateprintf(&date);                            /*调用打印显示函数*/
26      datemodify(&date);                            /*调用修改日期函数*/
27      dateprintf(&date);                            /*调用打印显示函数*/
28      getch( );                                     /*暂停*/
29      return 0;                                      /*返回*/
30  }                                                 /*主函数完*/
```

【代码解析】 代码第 10～13 行是 dateprint（ ）函数，其参数为指向 datestru 结构体的指针，在调用时只需要将相应变量的地址传递过来即可。代码第 15～20 行是 datemodify（ ）函数，在其中把形参的成员进行重新赋值，由于是地址传递，所以也反过来影响实参。从图 10.12 中也可以看出来。

【运行效果】 编译并执行程序后，最后输出结果如图 10.12 所示。

day is 2010-8-18
day is 2011-11-11

注意：除非是结构的大小比较小，才采用值传递，一般 图10.12 结构体的传地址调用结果 都采用引用传递或者地址传递。

10.2 共用体的定义与引用

在 C 语言中，可以用存储空间比较大的变量存储占用存储空间较小的变量中的数据，这样不会发生数据丢失现象。例如用 int 类型变量 n 存储 char 类型 c 的信息，并不造成数据的丢失。那么是否可以定义一种通用数据类型方便地存储 char、float、int 和 double 等任意类型的数据呢？

结构体的引入，使用户可以方便定义新的数据类型，用成员变量来存储事物不同方面的特性。但是结构体每一个成员变量均需要占用一定的存储空间，与实际的要求存在一定的差距。

为此 C 语言中引入了新的自定义数据类型共用体（union），其很像结构体类型，有自己的成员变量，但是所有的成员变量占用同一段内存空间。对于共用体变量，在某一时间点上，只能存储其某一成员的信息。

10.2.1 共用体类型的定义

如果需要使用几种不同类型的变量，则可以把它们存放到同一段内存单元中。例如，可以把一个 int 型变量、一个 char 型变量、一个 float 型变量放在同一个地址开始的内存单元中，如图 10.13 所示。这些变量在内存中占用的字节数不同，但都从同一地址开始，几个变量互相覆盖，这种结构就被称为"共用体"类型。

图 10.13　共用体结构

定义共用体类型的格式如下：

```
union 共用体名
{
      成员列表
};
```

其中 union 为关键字，其作用是告知编译系统，目前定义了一个名为"共用体名"的共用体。其成员变量可以是任何类型的变量。

例如：定义一个 data 共用体，可以存放 char 型、int 型、float 型数据。

```
union data
{
    char c;
    int  n;
    float f;
};
```

10.2.2 共用体类型变量的定义

与结构体相同，定义共用体可以分为三种方式：

① 先定义共用体类型，再定义变量，其格式如下所示：

```
union 共用体名
{
      成员列表
};
union 共用体名 变量列表;
```

例如，前面已经定义过共用体类型 union data，所以用其来定义该共用体变量时，就变成如下所示：

```
union data a, b, c;
```

上面就是定义了 3 个 union data 共用体类型的变量 a、b、c，其具有 union data 共用体类型的结构。

② 在定义共用体类型的同时定义变量，其格式如下：

```
union 共用体名
{
      成员列表
}变量名列表;
```

其作用与前面的定义相同，也是用于定义共用体变量。只是在定义共用体时将变量同时定义了。例如：

```
union data
{
    char c;
    int  n;
    float f;
}a,b,c;
```

上面的例子也是定义了 3 个 union data 共用体类型的变量 a、b、c。

③ 直接用共用体去定义该共用体变量。其格式如下：

```
union
{
        成员列表
} 变量列表;
```

该定义方法不出现共用体名称，直接用共用体去定义共用体变量。例如：

```
union
{
    char c;
    int  n;
    float f;
}a,b,c;
```

虽然"共用体"与"结构体"在定义形式上相似，但其含义是各不相同的。其区别如下：

① 结构体变量所占用内存长度是各成员占用内存长度之和，而共用体变量所占用长度为其最长的占用内存成员的长度。

② 结构体变量的每个成员占用自己的内存单元，而共用体变量的成员共享最大成员占用的内存空间。

例如：

```
struct data_s
{
    char c;                                  /*1个字节*/
    int  n;                                  /*2个字节*/
    float f;                                 /*4个字节*/
}ds;

union data_u
{
    char c;                                  /*1个字节*/
    int n;                                   /*2个字节*/
    float f                                  /*4个字节*/
}du;
```

其中，ds 占用内存大小为 1 字节 +2 字节 +4 字节 = 7 字节。而 du 占用内存大小＝ float 型大小＝ 4 字节。

10.2.3 共用体类型变量的引用

同样，必须先定义好共用体变量，才能对其进行成员引用，注意，一定是成员，而不是共用体变量。这与结构体变量相同。对其成员进行引用，也采用"."操作符进行。

例如，定义 3 个共用体变量 a、b、c，下面的引用是正确的：

```
a.c;                                          /* 引用共用体变量 a 中的 char 型变量 */
b.n;                                          /* 引用共用体变量 b 中的 int 型变量 */
c.f;                                          /* 引用共用体变量 c 中的 float 型变量 */
```

但不能直接引用共用体，例如，下面的引用是错误的：

```
printf("%c", a);
scanf("%d", &a);
```

【实例 10.7】 接收用户输入的数据类型（1 为整数，2 为浮点数，3 为双精度浮点数），然后从键盘读入数据存储到共用体变量的成员中。如示例代码 10.7 所示。

示例代码10.7　共用体变量成员的引用

```
01 #include "stdio.h"                         /* 包含系统函数头文件 */
02
03 union data                                 /* 定义共用体 */
04 {
05     int    i;
06     float  f;
07     double d;
08 }du;                                        /* 定义共用体变量 */
09
10 int main(void)                             /* 主函数 */
11 {
12     int n = 0;
13     printf("please input type: (1-int 2-float 3-double : ");
14     scanf("%d",&n);                         /* 接收用户输入的数据类型编号 */
15     switch(n)                               /* 判断输入的类型 */
16     {
17         case 1:
18         scanf("%d", &(du.i));               /* 接收 int 型数据 */
19         printf("%d", du.i);
20             break;
21         case 2:
22         scanf("%f", &(du.f));               /* 接收 float 型数据 */
23         printf("%f", du.f);
24             break;
25         case 3:
26         scanf("%f", &(du.d));               /* 接收 double 型数据 */
27         printf("%f", du.d);
28             break;
29         defualt:
30         printf("unknow type\n");            /* 没有指定类型 */
31     }
32     getch( );                               /* 暂停 */
33     return 0;                               /* 返回 */
34 }                                           /* 主函数完 */
```

【代码解析】 代码第 3 ～ 8 行是定义 union data 共用体类型及其变量 du。代码第 15 ～ 31 行是根据用户输入的数据类型，把相应的数据存放到共用体变量的成员之中。

【运行效果】 编译并执行程序后，输入"2"和"8.33"后，其最后输出结果如图 10.14 所示。

图 10.14 共用体变量成员的引用

10.2.4 共用体类型数据的特点

共用体类型的数据有如下几个特点：

① 同一个内存段可以用来存放几种不同类型的成员，但在同一时间只能存放其中一种，而不是同时存放几种。也就是说同一时间，只有一种成员起作用。

② 共用体变量中，起作用的永远是最后一次存放的成员。

③ 共用体变量的地址和其所包含的各成员的地址都是同一地址。

④ 不能对共用体变量进行赋值，也不能引用其变量名。

⑤ 不能在定义共用体变量时，对其进行初始化。

⑥ 不能把共用体变量作为函数的参数，也不能返回共用体变量。但可以使用指向共用体变量的指针作为参数。

⑦ 数组可以作为共用体变量的成员存在。

⑧ 共用体变量可以作为结构体的成员存在。

10.3 用typedef定义一个引用变量

前面在使用结构体和共用体定义变量时，是不是很不方便呢？所以为了使用方便和记起来容易，在 C 语言中提供了用"typedef"来定义新的数据类型名来代替已有数据类型名。其格式如下：

```
typedef 原数据类型名 新数据类型名;
```

其中，原数据类型名可以是 C 语言中的任意基本数据类型，也可以是指针、结构体等。新数据类型名必须是符合标识规定的字符组合。这样用新数据类型名就可以代替原数据类型名，用于声明和定义变量、指针等。

例如，下面用 COUNT 来定义程序中整数型计数器类型。

```
typedef int COUNT;
COUNT i;
```

像上面这样，就是将变量 i 定义为了 COUNT 型，而 COUNT 等价于 int 型，因此 i 是整型。但在程序中将其定义为 COUNT 型，使人更一目了然地知道其是用来计数的。也可以用 typedef 来定义结构体和共用体类型。

例如，定义 STUDENT 为 struct student 结构体类型的新类型名。

```
typedef struct
{
    int   id;                           /*学号*/
    char  name[10];                     /*姓名*/
    char  sex;                          /*性别*/
    int   age;                          /*年龄*/
    float score;                        /*成绩*/
    char  addr[30];                     /*地址*/
}STUDENT;
```

或者在结构体定义之后，使用如下格式定义：

```
struct student
{
    int   id;
    char  name[10];
    char  sex;
    int   age;
    float score;
    char  addr[30];
};
typedef struct student STUDENT;         /*定义STUDENT为struct student结构体类型名*/
```

现在 STUDENT 为 struct student 结构体的新类型名，就可以用其来定义 struct student 结构类型的变量。例如：

```
STUDENT sd1, sd2;
```

用新结构体类型名来定义结构变量，是不是变得很方便了呢？

例如，定义 DATA 为 union data 共用体类型的新类型名。

```
typedef union data
{
    char c;
    int  n;
    float f;
}DATA;
```

注意：数据类型与变量是不同的两个概念，不要混淆。在定义时一般先定义一个结构体类型，然后定义变量为该类型。只能对变量赋值、运算或者存取，而不能对一个类型赋值、运算或者存取。

10.4 枚举型数据类型

在 C 语言中除了结构体、共用体外，还有一种特殊的自定义类型，其由若干个有名字的 int 型常量的集合组成，被称为枚举型。

10.4.1 枚举型的定义

例如：一个星期有 7 天，而每天都有一个特定的简写名字 Sun、Mon、Tue、Wed、Thu、

Fri、Sat；颜色有 3 种，Red、Yellow、BLUE 等。像上面这样，在程序中如果用一个变量来保存，则一个变量只有几种可能存在的值，那么其就可以被定义为枚举类型。之所以叫枚举，就是说将变量可能存在的值一一例举出来。定义枚举类型的格式如下：

```
enum 枚举类型名 {枚举值列表};
```

其中，enum 是关键字，表示定义的是一个枚举类型，枚举名是符合标识符规定的字符组合，枚举值列表是由若干用标识符表示的整型常量所组成的，多个枚举符之间用逗号分隔，枚举值列表中的整型常量又被称为枚举常量。

为了让读者更加明白，现在举个实例来说明。比如一个笔盒中有一支彩色笔（COLOR_PEN），但在没有打开之前并不知道其是什么颜色的笔，可能是红色的笔（RED_PEN），也可能是黄色的笔（YELLOW_PEN），也可能是蓝色的笔（BLUE_PEN）。这里有 3 种可能，那么就可以定义一个枚举类型 COLOR_PEN 来表示，如下所示：

```
enum COLOR_PEN{RED_PEN,YELLOW_PEN,BLUE_PEN };
```

其中，COLOR_PEN 是枚举类型名，该枚举类型中有 3 个枚举常量。每个枚举常量所表示的整型数值在默认情况下，最前面是 0，后面的总是在前一个值的基础上加 1。枚举常量也可以像常量一样，在声明时对每个枚举常量赋值。例如：

```
enum COLOR_PEN{RED_PEN=1,YELLOW_PEN=3,BLUE_PEN};
```

注意：枚举常量只能是整型数，不能是其他类型的数据。

这时，RED_PEN 值为 1，YELLOW_PEN 的值为 3，而 BLUE_PEN 因为没有指定值，按照默认的，在前一个值的基础上加 1，为 4。

10.4.2 枚举变量的定义与赋值

枚举既然是一种数据类型，那么就可以用其来定义变量，其格式如下：

```
枚举类型名 变量名;
```

其中，枚举类型名是必须已经用 enum 关键字定义好的枚举类型名。例如：

```
enum COLOR_PEN
{
    RED_PEN,
    YELLOW_PEN,
    BLUE_PEN
};
COLOR_PEN pen;
```

这就是用 COLOR_PEN 枚举类型来声明了一个 pen 的枚举变量。如果要对其进行赋值操作，那么枚举变量的值只能是该枚举变量所属的枚举类型的枚举值表中的值。例如：

```
pen = RED_PEN;
pen = YELLOW_PEN;
```

上述给枚举变量的赋值都是正确的，而如下的赋值就是错误的。例如：

```
pen = GREEN_PEN;
pen = 2;
```

因为 pen 变量对应的枚举类型是 COLOR_PEN，其枚举值中并没有 GREEN_PEN。而且 pen 也不能直接用一个整数来赋值。

采用枚举变量可以增加程序的可读性，给一个简单的数值命名为枚举常量，也有助于"见名知意"。如果输出某个枚举值，其总是整型的数值，而不会输出枚举常量名。

【实例 10.8】 定义一个枚举型及其变量，并输出该变量的值。如示例代码 10.8 所示。

示例代码10.8　输出枚举类型变量的值

```
01 #include "stdio.h"                    /*包含系统函数头文件*/
02
03 enum WEEK                             /*定义枚举类型 WEEK*/
04 {
05     SUM,
06     MON,
07     TUE,
08     WED,
09     THU,
10     FRI,
11     SAT
12 };
13
14 int main(void)                        /*主函数*/
15 {
16     enum WEEK week1 = SUM;            /*定义枚举变量并赋值*/
17     enum WEEK week2 = WED;
18     enum WEEK week3 = SAT;
19     printf("week1 = %d week2 = %d week3 = %d\n",
20         week1,week2,week3);           /*输出枚举型变量的值*/
21     getch( );                         /*暂停*/
22     return 0;                         /*返回*/
23 }                                     /*主函数完*/
```

【代码解析】 代码第 3 ～ 12 行是定义枚举型数据类型 WEEK。代码第 16 ～ 18 行是对枚举型变量赋初值。代码第 19 和 20 行是输出枚举型变量的值。

`week1 = 0 week2 = 3 week3 = 6`

图 10.15　输出枚举类型变量的值结果

【运行效果】 编译并执行程序后，输出结果如图 10.15 所示。

10.5　在程序中实际应用结构体

介绍了这么多关于结构体、共用体、枚举型的相关知识，请扫二维码，用一个应用实例来总结说明。

第11章
预处理命令

扫码拓展阅读

第12章
编程规范和项目开发初步

扫码拓展阅读

第13章
管理计算机内存

比如说一家公司开会，在开会前就需要准备很多开会用的资料供大家使用。如果事先准备得少了，就会有一些人没有资料，无法开会；准备多了，就会造成资源浪费。所以最好的办法是事前把人数进行统计后，再来准备资料。

在 C 语言中使用数组时，就会遇到刚才所说的问题。所以就必须自己编写代码来管理计算机中的内容。本章就主要介绍 C 语言中管理计算机内存的方式。

13.1　分配内存的存储空间

数组在内存中的空间必须是在程序运行前申请，数组的大小是在程序编译时已经确定的常量，是无法改变的。因此如果申请过大就会造成浪费，申请过小，又会造成数据空间不够用的情况。所以，为了解决这个问题，C 语言中允许在程序运行时，根据需求申请一定的内存空间来使用，这种内存环境随着程序运行的进展而时大时小，这种内存就是堆内存，所以堆内存是动态的。堆内存也称动态内存。

在 C 语言中，动态内存的分配可以使用如下三个函数：① malloc（ ）函数；② calloc（ ）函数；③ realloc（ ）函数。

13.1.1　使用malloc( )函数分配

在 C 语言中规定 malloc（ ）函数返回类型的是 void * 类型，其格式如下所示：

```
void * malloc(unsigned int size);
```

其作用是用来分配 size 个字节的动态存储区，并返回一个指向该存储区首地址的 void*
型指针。若在调用时，没有足够的内存单元供分配，则返回空值（NULL）。

例如，要分配一个 int 型数据空间，如果写成：

```
int * p = NULL;
p = malloc (sizeof(int));
```

则程序无法通过编译，会报错，因为不能将"void*"赋值给"int*"类型的指针变量。所以
必须通过"int*"来进行强制转换。函数的实参为 sizeof（int），用于指明一个整型数据需要
的大小。而如果写成如下形式的话：

```
int* p = (int *) malloc (1);
```

代码也能通过编译，但事实上程序只会分配了 1 个字节大小的内存空间，当往里头存入一个
int 型数据时，就会有 1 个字节无法保存，造成内存溢出现象（内存溢出现象是指将本不会被
占用的内存中原有数据内容全部被清空）。

正确的写法如下：

```
int * p = NULL;
p = (int*)malloc(sizeof(int));
```

例如，想分配 100 个 int 类型和 float 类型的内存空间：

```
int *  pn = (int *) malloc (sizeof(int) * 100);       /* 分配可以放得下100个整数型的内存空间 */
float * pf = (float *) malloc(sizeof(float) * 100);    /* 分配可以放得下100个浮点型的内存空间 */
```

另外有一点需要注意的是，malloc（）函数只管分配内存，并不能对所得的内存进行初
始化，所以得到的一片新内存中，值将是随机的，如图 13.1 所示。

图 13.1　malloc 分配的内存单元

注意：由于动态分配得到的内存空间是没有名字的，所以只能依靠指针变量来引用。一
旦改变该指针的指向，则原来的存储空间将无法再引用。

【实例 13.1】　用 malloc（）函数来分配堆内存，并进行赋值和引用。如示例代码 13.1 所示。

示例代码13.1　malloc（）函数分配堆内存

```
01 #include "stdio.h"                                  /* 包含系统函数头文件 */
02 #include "stdlib.h"                                 /* 包含动态分配函数头文件 */
03
04 #define MAX 5                                        /* 定义分配最大空间宏 */
05
06 int main(void)                                       /* 主函数 */
07 {
08      int  * pn = NULL;                               /* 定义指针 */
09      float * pf = NULL;
10      int  i   = 0;
11      pn = (int*)malloc(sizeof(int));                 /* 分配1个int型的存储空间 */
12      pf = (float*)malloc(sizeof(float)*MAX);         /* 分配5个float型的存储空间 */
```

```
13        printf("*pn = %d\n", *pn);              /* 分配空间后未赋值的数值 */
14        for(i=0; i<MAX; i++)
15        {
16            printf("*(pf+%d)=%f\n", i, *(pf+i)); /* 输出分配后未赋值的数值 */
17        }
18        *pn = 100;                               /* 对 pn 所指向的空间赋值 */
19        printf("*pn = %d\n", *pn);               /* 赋值后的数据 */
20        for(i=0; i<MAX; i++)
21        {
22            *(pf+i) = i * 5.5;                   /* 对 pf+i 所指向的空间赋值 */
23            printf("*(pf+%d)=%f\n", i, *(pf+i)); /* 赋值后的数据 */
24        }
25        getch( );                                /* 暂停 */
26        return 0;                                /* 返回 */
27    }                                            /* 主函数完 */
```

【代码解析】 代码第 11 和 12 行，是调用 malloc（）函数来分配堆内存。代码第 13 ~ 17 行，是用来输出分配后未赋值状态时，内存中所保存的数值。代码第 18 ~ 24 行，是对分配的内存空间进行赋值。

【运行效果】 编译并执行程序后，最后输出结果如图 13.2 所示。

```
*pn = -842150451
*(pf+0)=-431602080.000000
*(pf+1)=-431602080.000000
*(pf+2)=-431602080.000000
*(pf+3)=-431602080.000000
*(pf+4)=-431602080.000000
*pn = 100
*(pf+0)=0.000000
*(pf+1)=5.500000
*(pf+2)=11.000000
*(pf+3)=16.500000
*(pf+4)=22.000000
```

图 13.2　malloc( ) 函数分配堆内存结果

13.1.2　使用 calloc( ) 函数分配

除了 malloc（）函数可以分配动态内存外，calloc（）函数也可以分配动态内存。其函数格式如下：

```
void * calloc(unsigned int n, unsigned size);
```

其作用是用来分配存储 n 个同一类型的数据项的连续动态存储区，每个数据的长度为 size 个字节，并返回一个指向该存储区首地址的 void* 型指针。若在调用时，没有足够的内存单元供分配，则返回空值（NULL）。

例如，想分配 100 个 int 类型和 float 类型的内存空间：

```
int * pn = (int*)calloc(100, sizeof(int));
int * pf =(float*)calloc(100, sizeof(float));
```

同样，如果要分配一个 int 型数据空间，写成：

```
int * p = NULL;
p = calloc (1, sizeof(int));
```

则程序无法通过编译会报错，因为不能将 "void*" 赋值给 "int*" 类型的指针变量。所以必须通过 "int*" 来进行强制转换。

不过，calloc（）函数不仅只分配内存，而且还对所得的内存进行初始化，所以得到的一片新内存中，值将全是 0，如图 13.3 所示。

图 13.3　calloc 分配的内存单元

【实例 13.2】 用 calloc（）函数来分配堆内存，并进行引用。如示例代码 13.2 所示。

示例代码13.2 calloc( )函数分配堆内存进行引用

```
01 #include "stdio.h"                              /*包含系统函数头文件*/
02 #include "stdlib.h"
03
04 #define MAX 5
05
06 int main(void)                                  /*主函数*/
07 {
08     int  * pn = NULL;
09     float * pf = NULL;
10     int  i   = 0;
11     pn = (int*)calloc(1, sizeof(int));          /*分配1个int型的存储空间*/
12     pf = (float*)calloc(MAX, sizeof(float));    /*分配5个float型的存储空间*/
13     printf("*pn = %d\n", *pn);                  /*分配空间后的数值*/
14     for(i=0; i<MAX; i++)
15     {
16         printf("*(pf+%d)=%f\n", i, *(pf+i));
17     }
18     *pn = 100;                                  /*对pn所指向的空间赋值*/
19     printf("*pn = %d\n", *pn);                  /*赋值后的数据*/
20     for(i=0; i<MAX; i++)
21     {
22         *(pf+i) = i * 5.5;                      /*对pf+i所指向的空间赋值*/
23         printf("*(pf+%d)=%f\n", i, *(pf+i));    /*赋值后的数据*/
24     }
25     getch( );                                   /*暂停*/
26     return 0;                                   /*返回*/
27 }                                               /*主函数完*/
```

【代码解析】 代码第 11 和 12 行，是调用 calloc（）函数来分配堆内存。代码第 13 ～ 17 行，是用来输出分配后未赋值状态时，内存中所保存的数值。代码第 18 ～ 24 行，是对分配的内存空间进行赋值。

【运行效果】 编译并执行程序后，最后输出结果如图 13.4 所示。

```
*pn = 0
*(pf+0)=0.000000
*(pf+1)=0.000000
*(pf+2)=0.000000
*(pf+3)=0.000000
*(pf+4)=0.000000
*pn = 100
*(pf+0)=0.000000
*(pf+1)=5.500000
*(pf+2)=11.000000
*(pf+3)=16.500000
*(pf+4)=22.000000
```

图 13.4 calloc( )函数分配的堆内存进行引用结果

13.1.3 realloc( )函数的使用

如果在分配动态内存后，发现所需要的内存空间不够，就需要重新进行分配。这时候就可以调用 realloc（）函数。其函数形式如下：

```
void * realloc(void *mem_addr,unsigned int newsize);
```

其中，mem_addr 是指向需要重新分配的堆内存指针，newsize 是指重新分配后的空间大小。该函数的作用是先释放原来 mem_addr 所指内存区域，并按照 newsize 指定的大小重新分配空间，同时将原有数据从头到尾拷贝到新分配的内存区域，并返回该内存区域的首地址，即重新分配动态存储。如果重新分配成功则返回指向被分配内存的指针，否则返回空指针 NULL。

在使用 realloc（ ）函数时，要注意如下两点：

① 如果有足够空间用于增加 mem_addr 指向的内存块大小，则分配额外内存，并返回 mem_addr。当扩大一块内存空间时，realloc（ ）试图直接从堆上现存的数据后面的那些字节中获得附加的字节，如果能够满足，自然"天下太平"。也就是说，如果原先的内存大小后面还有足够的空闲空间用来分配，加上原来的空间大小等于 newsize，得到的是一块连续的内存空间，即数据不移动。

② 如果原先的内存大小后面没有足够的空闲空间用来分配，那么从堆中另外找一块 newsize 大小的内存，并把原来大小内存空间中的内容复制到新空间中，返回新的 mem_addr 指针，即数据被移动了，原来的空间被放回堆上。

【实例 13.3】　先用 malloc（ ）函数分配好内存后，发现内存不够用，这时需要重新分配新空间用于存储，其如示例代码 13.3 所示。

示例代码13.3　realloc( )函数重新分配内存

```
01 #include "stdio.h"                          /*包含系统函数头文件*/
02 #include "stdlib.h"                          /*包含动态分配内存处理函数*/
03
04 #define OLD_MAX 5                            /*定义宏*/
05 #define NEW_MAX 10
06
07 int main(void)                               /*主函数*/
08 {
09     int * pn = NULL;                         /*初始化指针变量*/
10     int i   = 0;
       /*分配5个字节的动态内存*/
11     pn = (int*)calloc(OLD_MAX, sizeof(int));
12     printf("pn = %x\n",pn);                   /*输出指针中的地址*/
13     for(i=0;i<OLD_MAX;i++)
14     {
15         scanf("%d",&pn[i]);                  /*接收用户输入*/
16     }
       /*释放原有内存空间，并重新分配10个字节的新空间*/
17     pn=(int *)realloc(pn,NEW_MAX*sizeof(int));
18     printf("pn = %x\n",pn);                   /*输出新地址*/
19     for(i=0;i<OLD_MAX;i++)
20     {
21         printf("%d ",pn[i]);                 /*输出内存中的值*/
22     }
23     printf("\n");
24     getch( );                                /*暂停*/
25     return 0;                                /*返回*/
26 }                                            /*主函数完*/
```

【代码解析】　代码第 11 行，是调用 calloc（ ）函数来分配堆内存。代码第 12 行，是输出该空间的地址，代码第 17 行，是调用 realloc（ ）函数来重新分配新内存，并将原内存中的数值拷贝过去。代码第 18 行，是输入新空间地址，查看是否与原地址相同。代码第 19～22 行，是输出新分配内存中的前 5 个字节数值，看是否拷贝成功。

【运行效果】 编译并执行程序后，输入 5 个数值，最后输出结果如图 13.5 所示。

图 13.5 realloc( )函数重新分配内存结果

13.1.4 malloc( )和calloc( )函数的区别

函数 malloc（ ）和 calloc（ ）都可以用来动态分配内存空间，但两者稍有区别。

malloc（ ）函数有一个参数，即将要分配的内存空间的大小。

```
void *malloc(int size);
```

calloc（ ）函数有两个参数，分别为元素的数目和每个元素的大小，这两个参数的乘积就是要分配的内存空间的大小。

```
void *calloc(int elements_count ,int size_element);
```

如果调用成功，函数 malloc（ ）和函数 calloc（ ）都将返回所分配的内存空间的首地址。函数 malloc（ ）和函数 calloc（ ）的主要区别如下：

① malloc（ ）函数不能初始化所分配的内存空间，而 calloc（ ）是可以的。

② 如果由 malloc（ ）函数分配的内存空间原来没有被使用过，则其中的每一位可能都是 0；反之，如果这部分内存曾经被分配过，则其中可能遗留有各种各样的数据。也就是说，使用 malloc（ ）函数的程序开始时（内存空间还没有被重新分配）能正常进行，但经过一段时间（内存空间已经被重新分配）可能会出现问题。而函数 calloc（ ）会将所分配的内存空间中的每一位都初始化为零。换句话说，如果是为字符类型或整数类型的元素分配内存，那么这些元素将保证会被初始化为 0；如果是为指针类型的元素分配内存，那么这些元素通常会被初始化为空指针；如果你为实型数据分配内存，则这些元素会被初始化为浮点型的零。

13.1.5 调用free( )函数释放内存

当一个程序运行完毕后，就不再需要其所使用的数据空间。由于电脑的内存总是有限的，所以程序原来运行时占用的内存空间就应该释放给其他程序使用。

对于变量和数组，在程序结束运行后，系统会自动回收其占用的空间。但对于申请的堆内存空间，很多系统都不会回收，像前面的代码中，在申请内存后，都没有对内存进行释放。所以在运行很多次后，就会占用很多的系统内存，导致电脑运行越来越慢。这种只申请空间最后不释放空间的情况称为内存泄漏。所以在申请堆内存空间后，应该使用 free（ ）函数来释放堆内存空间，其格式如下：

```
void free (void * mem_addr);
```

其中，mem_addr 指向需要释放内存空间的指针。

【实例 13.4】 连续输入 n 个数，最后求和。如示例代码 13.4 所示。

示例代码13.4 求连续输入n个数的和

```
01 #include "stdio.h"              /*包含系统函数头文件*/
02 #include "stdlib.h"             /*包含动态分配内存处理函数*/
03
04 int main(void)                  /*主函数*/
05 {
```

```
06        int n    = 0;                          /*定义初始化变量*/
07        int sum  = 0;
08        int *pn  = NULL;
09        int i    = 0;
10        printf("Please input count of num :");
11        scanf("%d", &n);                        /*接收用户将输入的数字个数*/
12        pn = (int*)calloc(n, sizeof(int));      /*申请需要存储n个int型数据的空间*/
13        for(i=0; i<n; i++)
14        {
15            scanf("%d", pn+i);                  /*接收用户输入数据*/
16        }
17        for(i=0; i<n-1; i++)
18        {
19            printf("%d+",*(pn+i));              /*显示输入的数据*/
20            sum += *(pn+i);                     /*进行累加*/
21        }
22        printf("%d = %d",*(pn+i), (sum+*(pn+i)));
23        free(pn);                               /*释放空间*/
24        getch( );                               /*暂停*/
25        return 0;                               /*返回*/
26 }                                              /*主函数完*/
```

【代码解析】 代码第 12 行，是根据用户输入的数字个数，申请相应的存储空间。代码第 23 行，是将申请的空间进行释放，方便以后使用。

【运行效果】 编译并执行程序后，输入 5 个数值，最后输出结果如图 13.6 所示。

注意：所有动态申请的内存都必须进行释放才能再次使用，否则会导致内存溢出。

图 13.6　求连续输入 n 个数的和结果

13.2　将数据按位运算

在电脑内所有的数据，总是用 0 和 1 的组合进行存储的，也就是二进制。而 8 个二进制位构成一个字节，两个字节构成一个字，也就是 16 位（详细请读者参见计算机系统组成相关书籍，这里只需要知道就行）。

有时按位来操作数据是很必要的，程序员可以通过改变存储在位、字节或者字中的 0 和 1 来改变其值，这也就是位运算的由来。

C 语言具有汇编语言（可以操作硬件的语言）等一些功能，所以 C 语言也可以操作数据的位进行运算。

13.2.1　位运算符

C 语言中提供了如表 13.1 所示的 6 种位运算符，前 2 种是移位运算，后 4 种是按位逻辑运算。其中，数据位运算符除了"～"是只需要一个操作数外，其余运算符都需要两侧各有一个运算量。

表 13.1 位运算符

位运算符	说明	位运算符	说明
<<	左移	|	按位或
>>	右移	^	按位异或
&	按位与	~	取反

注意：所有的位运算符都只能对 char 和 int 型数据进行操作，而不能对 float 型数据进行操作。

13.2.2 将数据进行移位运算

在 C 语言中有 2 种运算符，可以将数据进行移位运算，如下所示。

（1）左移位运算

左移位运算符的使用格式是：

变量 << 变量或者常量

其中，"<<"是运算符将一个字节中的数据位左移指定的位数，如图 13.7 所示。

图 13.7 左移 4 位示意

例如，在电脑中，int 型数值 7 表示为：

0000 0111

需要将其左移 4 位，这时如何实现左移位呢？方法如下：

① 7 被表示为 0000 0111。

② 左移 4 位，变成 0111 …。

③ 空位用 0 来填充，变成 0111 0000。

④ 这个二进制数的数值转成十进制数，正好是 112（详细计算方法参见计算机系统组成原理等相关书籍）。

【实例 13.5】 左移位运算符的使用如示例代码 13.5 所示。

示例代码 13.5 左移动运算符的使用

```
01  #include "stdio.h"                    /*包含系统函数头文件*/
02
03  int main(void)                        /*主函数*/
04  {
05      int n       = 7;                  /*初始化变量*/
06      int left_n = 0;
07      left_n     = n << 4;              /*将n的值进行左移4位，重新赋值到left_n中*/
08      printf("n = %d, left_n = %d\n", n, left_n);
09      getch( );                         /*暂停*/
```

```
10      return 0;                        /*返回*/
11   }                                    /*主函数完*/
```

【代码解析】 代码第 7 行，是将 n 的值（7）进行左移 4 位，重新赋值到 left_n 中。

【运行效果】 编译并执行程序后，最后输出结果如图 13.8 所示。

（2）右移位运算

右移位运算符的使用格式是：

变量 >> 变量或者常量

其中，">>"是运算符将一个字节中的数据位右移指定的位数，如图 13.9 所示。

图 13.8 左移动运算符的使用结果   图 13.9 右移 4 位示意

例如，电脑中，int 型数值 128 表示为：

1000 0000

当需要将其右移 2 位时，刚好和左移位相反，其方法如下：

① 在计算机中，128 被表示为 1000 0000。

② 右移 2 位，变成… 10 0000。

③ 空位用 0 来填充，变成 0010 0000。

④ 这个二进制数的数值正好是 32。

【实例 13.6】 右移位运算符的使用如示例代码 13.6 所示。

示例代码13.6　右移位运算符的使用

```
01 #include "stdio.h"                   /*包含系统函数头文件*/
02
03 int main(void)                        /*主函数*/
04 {
05      int n             = 128;         /*定义并初始化变量*/
06      int right_n       = 0;
07      right_n           = n >> 2;      /*将n的值进行右移2位，重新赋值到right_n中*/
08      printf("n = %d, right_n = %d\n", n, right_n);
09      getch( );                        /*暂停*/
10      return 0;                        /*返回*/
11   }                                    /*主函数完*/
```

【代码解析】 代码第 7 行，是将 n 的值（128）进行右移 2 位，重新赋值到 right_n 中。

【运行效果】 编译并执行程序后，最后输出结果如图 13.10 所示。

图 13.10 右移位运算符的使用结果

注意：在右移位时，只有移位的变量是正数时，才会用 0 作为填充位，而如果变量是负数的话，右移位的结果是无法预料的，而左移位无此限制。右移位一次相当于对当前数值每次除以 2。

13.2.3 将数据进行按位逻辑运算

位运算符除了移位外，还包括按位与（&）、按位或（|）、按位异或（^）、取反（～）。

13.2.3.1 按位与运算符

按位与运算符的使用格式是：

变量 & 变量或者常量

其中，"&"是按位与运算符。其有如下几个特点：

❑ 按位与运算符用来得到两个整数操作数的逻辑乘积。

❑ 表示按位与的运算符为符号"&"。

❑ 被"与"的两位是 1，结果是 1，否则结果为 0，如表 13.2 所示。

表 13.2　按位与示例表

操作位1	操作位2	结果	操作位1	操作位2	结果
0	0	0	1	0	0
0	1	0	1	1	1

按位与的计算方法如表 13.3 所示。

表 13.3　按位与运算结果

数值	说明	数值	说明
1111 1010	250　二进制	0101 0010	对齐后，根据表13.2方法竖式运算，结果为82
0101 0110	86　二进制		

同时，按位与运算符有一些特殊的用途，介绍如下。

（1）将数据清零

如果想将一个存储单元清零，即单元中的所有二进制位为 0，只需要将这个数和 0 进行按位与即可。

【实例 13.7】 将数组中每个元素进行清零处理（当然也可以直接赋值为 0，这里只是另外一种方法）。如示例代码 13.7 所示。

示例代码13.7　数据清零处理

```
01  #include "stdio.h"                           /*包含系统函数头文件*/
02
03  int main(void)                               /*主函数*/
04  {
05      int array[] = {1,33,8889,22,555};        /*初始化数组*/
06      int i = 0;
07      for(i=0; i<5; i++)
08      {
09          printf("%d ", array[i]);             /*遍历数组中的元素，输出*/
10      }
11      printf("\n");
12      for(i=0; i<5; i++)
13      {
```

```
14              array[i] = array[i] & 0;                /*清零操作*/
15          }
16          for(i=0; i<5; i++)
17          {
18              printf("%d ", array[i]);                /*遍历数组中的元素，输出*/
19          }
20          printf("\n");
21          getch( );                                   /*暂停*/
22          return 0;                                   /*返回*/
23      }                                               /*主函数完*/
```

【代码解析】 代码第 14 行，是进行数组中的元素清零操作。

【运行效果】 编译并执行程序后，最后输出结果如图 13.11 所示。

（2）取一个数中某些位信息

如果想将一个整数的某些位的信息取出来（0或者1）查看，也可以使用按位与运算。

图 13.11 数据清零处理结果

【实例 13.8 】 取输入数值的低地址（默认 int 型数据左为高，右为低）信息，如示例代码 13.8 所示。

示例代码13.8 取低地址位信息

```
01 #include "stdio.h"                                   /*包含系统函数头文件*/
02
03 int main(void)                                       /*主函数*/
04 {
05      int n = 0;                                      /*初始化变量
06      int b = 0xFF;
07      int m = 0;
08      printf("Please input num :");
09      scanf("%d", &n);                                /*接收用户输入的信息*/
10      m = n & b;                                      /*只取低地址位信息保留到m中*/
11      printf("%d", m);
12      getch( );                                       /*暂停*/
13      return 0;                                       /*返回*/
14 }                                                    /*主函数完*/
```

【代码解析】 代码第 10 行，由于 b 为 255，其计算方式如下：

388 用二进制表示为：

```
0000 0001 1000 0100                                     /*388*/
```

只需要将其和 255（0xFF）

```
0000 0000 1111 1111                                     /*255*/
```

按位与，变成：

```
0000 0000 1000 0100                                     /*132*/
```

就可以把其低地址位信息取出来。

【运行效果】 编译并执行程序后，最后输出结果如图 13.12 所示。

（3）将指定的位保留下来，其余清零

如果想将一个数值的指定位信息保留下来，也可以使用按位与

图 13.12 取低地址位信息

运算。

【实例 13.9】 将用户输入的数值的指定位保留下来，其余位全部清零。如示例代码 13.9 所示。

示例代码13.9　保留指定的位信息

```
01  #include "stdio.h"                        /* 包含系统函数头文件 */
02
03  int main(void)                            /* 主函数 */
04  {
05      int m  = 1;                           /* 初始化变量 */
06      int n  = 0;
07      int b  = 0;
08      printf("Please input num and bit :");
09      scanf("%d %d",&n,&b);                 /* 接收用户输入的数值和位数 */
10      m = m << b;                           /* 将m的值左移b位 */
11      n = n & m;                            /* 保留指定的位 */
12      printf("n = %d\n", n);
13      getch( );                             /* 暂停 */
14      return 0;                             /* 返回 */
15  }                                         /* 主函数完 */
```

【代码解析】 代码第 10 行，是将 m 变成用户指定的位，例如保留第 7 位，m 初始值为 1，左移 7 位后，变成：

0000 0000 1000 0000

当其和 132 的值

0000 0000 1000 0100

按位与时，就只会保留第 7 位：

0000 0000 1000 0000

其值为 128。

【运行效果】 编译并执行程序后，最后输出结果如图 13.13 所示。

13.2.3.2　按位或运算符

按位或运算符的使用格式是：

变量　|　变量或者常量

按位或（|）有如下几个特点：

□ 按位或运算符用来得到两个整数操作数的逻辑和。

□ 表示按位或的运算符为符号 "|"。

□ 被 "或" 的两位是 0，结果是 0，否则结果为 1，如表 13.4 所示。

```
Please input num and bit :132
7
n = 128
```

图 13.13　保留指定的位信息结果

表 13.4　按位或示例表

操作位1	操作位2	结果	操作位1	操作位2	结果
0	0	0	1	0	1
0	1	1	1	1	1

按位或的计算方法如表 13.5 所示

表 13.5　按位或运算结果

数值	说明	数值	说明
1111 1010	250　二进制	1111 1110	对齐后，根据表13.4方法竖式运算，结果为254
0101 0110	86　二进制		

按位或可以将一个数值的某些位指定为 1。

【实例 13.10】　将用户输入的数值的低字节全部设置为 1，高字节保留。如示例代码 13.10 所示。

示例代码13.10　设置指定字节为全1

```
01  #include "stdio.h"                      /*包含系统函数头文件*/
02
03  int main(void)                          /*主函数*/
04  {
05      unsigned int n = 0;                 /*初始化变量*/
06      unsigned int m = 0xFF;
07      printf("Please input num:");
08      scanf("%d",&n);                     /*接收用户输入*/
09      n = n | m;                          /*进行按位或操作*/
10      printf("n=%d\n", n);
11      getch( );                           /*暂停*/
12      return 0;                           /*返回*/
13  }                                       /*主函数完*/
```

【代码解析】　代码第 9 行，由于 m 为 255，其计算方式如下：

388 用二进制表示为：
```
0000 0001 1000 0100                         /*388*/
```
只需要将其和 255（0xFF）
```
0000 0000 1111 1111                         /*255*/
```
按位或，变成：
```
0000 0001 1111 1111                         /*511*/
```
就可以把其低地址信息全部设置为 1。

【运行效果】　编译并执行程序后，最后输出结果如图 13.14 所示。

13.2.3.3　按位异或运算符

按位异或运算符的使用格式是：

变量 ^ 变量或者常量

图 13.14　设置指定字节为全1结果

按位异或（^）有如下几个特点：

❑ 按位异或运算符用来执行两位之间的异或操作，其符号为 "^"。

❑ 被 "异或" 的结果如表 13.6 所示。

表 13.6　按位异或示例表

操作位1	操作位2	结果	操作位1	操作位2	结果
0	0	0	1	0	1
0	1	1	1	1	0

进行按位异或运算过程和结果如表 13.7 所示。

表 13.7　按位异或运算结果

数值	说明	数值	说明
1111 1010	250　二进制	1010 1100	对齐后，根据表13.6方法竖式运算，结果为172
0101 0110	86　二进制		

同时，按位异或运算符有一些特殊的用途。

（1）使特定位翻转

使特定位翻转是将指定位置的数据由 1 变成 0 或者由 0 变成 1。

【实例 13.11】　将一个数值 153 的低 4 位翻转。如示例代码 13.11 所示。

示例代码13.11　使特定位翻转

```
01 #include "stdio.h"                          /*包含系统函数头文件*/
02
03 int main(void)                              /*主函数*/
04 {
05     int n = 153;                            /*设置需要翻转的值*/
06     int m = 0x0F;                           /*用于去设置翻转对应的值*/
07     n = n ^ m;                              /*进行异或操作*/
08     printf("n = %d\n", n);
09     getch( );                               /*暂停*/
10     return 0;                               /*返回*/
11 }                                           /*主函数完*/
```

【代码解析】　代码第 7 行，由于 m 为 15，其计算方式如下：

153 用二进制表示为：

```
0000 0000 1001 1001                           /*153*/
```

只需要将其和 15（0x0F）

```
0000 0000 0000 1111                           /*15*/
```

按位异或，变成；

```
0000 0000 1001 0110                           /*150*/
```

就可以把其低 4 位翻转，变成 150 了。

【运行效果】　编译并执行程序后，最后输出结果如图 13.15 所示。

图13.15　按位异或示例
代码结果

（2）交换两个变量的值，不用临时变量

可以使用按位异或将两个数值进行交换，但不使用临时变量。

【实例 13.12】　由用户输入两个数值并保存到变量，对这两个值进行交换，最后输出结果，但不用临时变量。如示例代码 13.12 所示。

示例代码13.12　将两个数值进行交换

```
01 #include "stdio.h"   /*包含系统函数头文件*/
02
03 int main(void)                      /*主函数*/
04 {
05     int n;
```

```
06      int m;
07      printf("Please input 2 num :");
08      scanf("%d %d",&n,&m);
09      printf("n = %d, m = %d\n", n, m);
10      n = n ^ m;
11      m = m ^ n;
12      n = n ^ m;
13      printf("n = %d, m = %d\n", n, m);
14      getch( );                    /*暂停*/
15      return 0;                    /*返回*/
16  }/*主函数完*/
```

【代码解析】 代码第 10 ~ 12 行，就是不用临时变量，将两个变量的值进行交换的算法。
其计算方式如下：

123 用二进制表示为：

`0000 0000 0111 1011`   /*123*/

将其和 456 的二进制表示

`0000 0001 0101 1001`   /*456*/

按位异或，n 变成：

`0000 0001 0010 0010`   /*290*/

将 290 和 456 的二进制按位异或，m 变成：

`0000 0000 0111 1011`   /*123*/

最后将 290 与 123 进行按位异或，n 变成：

`0000 0001 0101 1001`   /*456*/

【运行效果】 编译并执行程序后，最后输出结果如
图 13.16 所示。

```
Please input 2 num :123 456
n = 123, m = 456
n = 456, m = 123
```

图 13.16 将两个数值进行交换结果

13.2.3.4 取反运算符

按位取反运算符的使用格式是：

~变量

按位取反运算符（~）的作用是将数值中的每个位进行取反，即 0 变成 1，1 变成 0。
被"取反"的结果如表 13.8 所示。

表 13.8 按位取反示例表

操作位1	结果	操作位1	结果
1	0	0	1

进行按位取反运算过程和结果如表 13.9 所示。

表 13.9 按位取反运算结果

数值	说明
1111 1010	250 二进制
0000 0101	对齐后，根据表13.8方法竖式运算，结果为5

【实例 13.13】 接收用户输入的数值，并将其按位取反后，输出结果。如示例代码 13.13
所示。

示例代码13.13　按位取反

```
01  #include "stdio.h"                        /*包含系统函数头文件*/
02
03  int main(void)                            /*主函数*/
04  {
05      unsigned int n = 0;
06      printf("Please input num :");         /*提示信息*/
07      scanf("%d",&n);                       /*接收用户输入*/
08      n = ~n;                               /*按位取反*/
09      printf("n = %u\n");
10      getch( );                             /*暂停*/
11      return 0;                             /*返回*/
12  }                                         /*主函数完*/
```

【代码解析】 代码第 8 行，就是将用户输入的数值按位取反。

123 用二进制表示为：

```
0000 0000 0111 1011                          /*123*/
```

将其按位取反：

```
1111 1111 1000 0100                          /*65412*/
```

【运行效果】 编译并执行程序后，最后输出结果如图 13.17 所示。

图 13.17　按位取反结果

第14章
文件操作

文件（file）是程序设计中的一个重要概念，是指存储在外部介质（硬盘、光盘等）上数据的集合。一批数据是以文件形式存放在外部介质上的，操作系统以文件为单位对数据进行管理。也就是说，如果想读取存储在外部介质上的数据，必须先按文件名找到所指定的文件，然后再从该文件中读取数据。反之，如果想向外部介质存储数据也必须先建立一个供识别的文件名，才能向其输出数据。

在前面的章节中，笔者介绍的输入数据都来自键盘，而输出结果也全部输出到屏幕上。但在实际应用中，是需要把数据从文件中读取出来，经过处理后，再将结果重新送回到某个文件中保存起来的。这就是本章要介绍的文件操作。

14.1 打开、关闭和检测文件

在 C 语言中，"文件"是一个逻辑概念，可以用来表示从磁盘文件到终端设备等。一般情况下，在 C 语言中把文件看成是一个字符或者是字节序列，即文件是由一个个字符或者字节的数据顺序组成的。根据数据的组成形式，可以把文件分为两大类。

① 文本文件。文本文件每个字节存放一个 ASCII 码，其代表一个字符。即存放的不是字符就是字符串。

② 二进制文件。二进制文件中的数据以数据在内存中的形式存放，即存放的都是数值。

例如：要保存一个整数 800，由于其在内存中占用 2 个字节。如果按 ASCII 码形式输出到文本文件，则 800 中，"8""0""0"的每个字符占用 1 个字节，总计 3 个字节；而如果按二进制形式输出到文件中，则总计占用 2 个字节。

14.1.1 打开文件

在文件处理中，主要解决的问题就是如何将一个外部文件名称与实际读写数据的语句取得联系。和其他高级语言一样，在对文件读写之前都应该"打开"该文件，在使用结束后，应该关闭该文件。

在 C 语言中一个文件指针是一个指向文件有关信息的指针，包含文件名、状态和当前文件中的位置。从概念上讲，文件指针标志一个指定的磁盘文件。文件指针是一个 FILE 型指针变量，在 stdio.h 头文件中定义。

在 C 语言中规定，要打开一个文件，必须使用标准输入输出函数库。其中用于打开文件的函数形式如下：

```
FILE * fopen(文件名称,使用方式);
```

其中，文件名称是指需要进行打开操作的文件名，而使用方式如表 14.1 所示。函数的返回值为指向该文件的 FILE 类型的指针。

例如要打开一个已经存在的只读文件"file1.txt"，可以使用如下格式：

```
FILE * fp = NULL;
fp = fopen("file1.txt","r");
```

这样，fp 就指向了该文件"file1.txt"。

表 14.1 文件使用方式

文件使用方式	说明	含义
"r"	只读	为输入打开一个文本文件
"w"	只写	为输出打开一个文本文件
"a"	追加	向文本文件尾部增加数据
"rb"	只读	为输入打开一个二进制文件
"wb"	只写	为输出打开一个二进制文件
"ab"	追加	向二进制文件尾部增加数据
"r+"	读写	为读/写打开一个文本文件
"w+"	读写	为读/写建立一个新的文本文件
"a+"	读写	为读/写打开一个文本文件
"rb+"	读写	为读/写打开一个二进制文件
"wb+"	读写	为读/写打开或者建立一个新的二进制文件
"ab"	读写	为读/写打开一个二进制文件

在使用方式中，有如下几点需要说明。

① 用"r"方式打开的文件只能用于向电脑输入数据而不能用于向该文件保存数据。而且该文件必须是已经存在的，不能打开一个并不存在的用于"r"方式的文件，否则会导致出错。

【**实例 14.1**】 调用 fopen（）函数，用只读方式分别打开"file1.txt"和不存在的"file2.txt"文件，如图 14.1 所示。根据返回指针输出信息。如示例代码 14.1 所示。

图 14.1 系统中的文件

示例代码14.1　用只读方式打开文件

```
01 #include "stdio.h"                          /*包含系统函数头文件*/
02
03 int main(void)                              /*主函数*/
04 {
05      FILE * fp1 =  NULL;                     /*初始化文件指针变量*/
06      FILE * fp2 =  NULL;
07      fp1 = fopen("file1.txt","r");          /*用只读方式打开file 1.txt*/
08      fp2 = fopen("file2.txt","r");          /*用只读方式打开不存在的file2.txt*/
09      if(fp1 == NULL)
10      {
11          printf("Open file1.txt error\n");  /*如果打开失败，提示*/
12      }
13      if(fp2 == NULL)
14      {
15          printf("Open file2.txt error\n");  /*如果打开失败，提示*/
16      }
17      getch( );                              /*暂停*/
18      return 0;                              /*返回*/
19 }                                           /*主函数完*/
```

【代码解析】代码第 7 行，是调用 fopen（ ）函数，用只读方式打开"file1.txt"文件，因为该文件存在，所以打开后，fp1 的值变成指向该文件。代码第 8 行，同样是调用 fopen（ ）函数，用只读方式打开不存在的文件"file2.txt"，所以 fp2 的值是 NULL。

【运行效果】编译并执行程序后，最后输出结果如图 14.2 所示。

② 用"w"方式打开的文件只能用于向该文件写数据，而不能用来向电脑输入。如果原来不存在该文件，则在打开时新建立一个以指定名字命名的文件。如果原来已存在一个以该文件名命名的文件，则在打开时将该文件删去，然后重新建立一个新文件。

图 14.2　打开 file2 文件失败

【实例 14.2】调用 fopen（ ）函数，用"w"方式打开已存在的文件"file3.txt"和不存在的文件"file4.txt"。文件分布及其内容如图 14.3 所示。如示例代码 14.2 所示。

图 14.3　系统中的文件及 file3 的内容

示例代码14.2　用写方式打开文件

```
01 #include "stdio.h"   /*包含系统函数头文件*/
02
03 int main(void)                  /*主函数*/
04 {
```

```
05        FILE *  fp1 =  NULL;
06        FILE *  fp2 =  NULL;
07        fp1 = fopen("file3.txt","w");
08        fp2 = fopen("file4.txt","w");
09        getch( );                      /* 暂停 */
10        return 0;                       /* 返回 */
11  }/* 主函数完 */
```

图 14.4　运行程序后系统中的文件及 file3 中的内容

【代码解析】　代码第 7 行，是调用 fopen（）函数，用只写方式打开 "file3.txt" 文件，因为该文件存在，所以打开后，该文件中内容被清空，从图 14.4 的下图可以看到。代码第 8 行，同样是调用 fopen（）函数，用只写方式打开不存在的文件 "file4.txt"，由于是用只写方式，所以会自动创建一个指定文件名称的文件 "file4.txt"，从图 14.4 的上图可以看到。

【运行效果】　编译并执行程序后，系统中的文件及 file3 中的内容如图 14.4 所示。

③ 如果希望是在文件末尾添加新的数据（即在打开的时候不删除原有数据），则应该用 "a" 方式打开。但如果打开的文件不存在，则创建一个指定的文件。

【实例 14.3】　调用 fopen（）函数，用 "a" 方式打开不存在的文件 "file5.txt"。文件分布及其内容如图 14.5 所示，如示例代码 14.3 所示。

图 14.5　系统中的文件分布

示例代码14.3　用追加方式打开文件

```
01  #include "stdio.h"                    /* 包含系统函数头文件 */
02
03  int main(void)                        /* 主函数 */
04  {
05        FILE * fp =  NULL;              /* 初始化文件指针变量 */
06        fp = fopen("file5.txt","a");    /* 打开不存在的 file5.txt 文件 */
07        if(fp == NULL)
08        {
09            printf("Open file5.txt error");   /* 打开失败时，给出提示 */
10        }
11        getch( );                        /* 暂停 */
12        return 0;                        /* 返回 */
13  }                                      /* 主函数完 */
```

【代码解析】　代码第 6 行，是调用 fopen（）函数，用追加方式打开 "file5.txt" 文件，因为该文件不存在，所以打开后，会自动创建一个指定文件名称的文件 "file5.txt"，从图 14.6 中可以看到。

【运行效果】　编译并执行程序后，系统中的文件如图 14.6 所示。

④ 用 "r+""w+" 和 "a+" 方式打开的文件可以用来输入和输出数据。但要注意，用 "w+" 方式时，会创

图 14.6　运行程序后系统中的文件分布

建一个新的文件，如果该文件已经存在，则会清空原数据后，重新再写入，还可以读取。而用"a+"方式时，打开原有文件时，不会清空原有数据，只会在原数据末尾添加新数据，而且可以读取。

⑤ 由于有些 C 语言编译系统的不同，导致有的编译器不支持"r+""w+"和"a+"方式，但可以用"rw""wr"和"ar"等。

14.1.2 文件检查函数

文件总是有大小的，所以在读取时，有可能会遇到读取文件末尾的情况，这时候就需要调用 feof（）函数来判断文件是否结束。该函数的形式如下：

```
int feof(FILE *fp);
```

函数的返回值为 1 时，表示文件已经结束；返回值为 0 时，文件未结束。对于文本文件，还可以使用宏 EOF 来判断文件是否结束。

14.1.3 读写文件数据

在打开文件后，就可以对其进行读和写操作。常用的读写函数有如下几个。

14.1.3.1 单字节操作函数

在 C 语言的文件处理函数中，单字节操作函数是对文件中的一个字节长的数据进行操作的函数。其分为读 fgetc（）和写 fputc（）两种。

① fgetc（）函数。fgetc（）函数的作用是从指定文件中读出一个字节长的数据，fgetc（）函数的形式是：

```
char fgetc(FILE * fp);
```

其中，参数 fp 必须指向以读或者读写方式打开的文件。返回值分为两种：

❑ 对于文本文件，函数将读取到的文件中的一个字符返回给调用函数。

❑ 对于二进制文件，函数将返回一个字节的数据给调用函数。

【实例 14.4】 读取用户输入的文件，并用 fgetc（）函数从该文件中读取字符，并显示在屏幕上。如示例代码 14.4 所示。test.txt 的内容如下：

```
Read text file!
Hello world!
This is C program.
```

示例代码14.4　从文件中读取字符并显示

```
01 #include "stdio.h"                        /*包含系统函数头文件*/
02
03 #define MAX 256
04
05 int main(void)                            /*主函数*/
06 {
07     FILE * fp = NULL;                      /*定义文件指针*/
08     char  ch;
09     char  filename[MAX] = {0};
```

```
10      printf("please input file name:\n");        /*提示用户输入文件名*/
11      scanf("%s", filename);                       /*接收用户输入文件名*/
12      fp = fopen(filename,"r");                     /*打开指定的文件*/
13      if(fp == NULL)                                /*判断是否打开文件成功*/
14      {
15          return 0;
16      }
17      while(!feof(fp))                              /*判断文件是否结束，若没结束进入循环*/
18      {
19          ch = fgetc(fp);                           /*从文件中读取一个字符*/
20          printf("%c", ch);                         /*打印字符出来*/
21      }
22      fclose(fp);                                   /*关闭文件*/
23      getch( );                                     /*暂停*/
24      return 0;                                      /*返回*/
25  }
```

【代码解析】 代码第 12 行，是调用 fopen（ ）函数，用只读方式打开用户指定的文件。代码第 13 ～ 16 行是判断是否成功打开文件。代码第 17 行，是判断当前文件指针是否移动结束位置，如果不是，则进入循环。代码第 19 和 20 行，是从文件中读取一个字符，并输出至屏幕上。代码第 22 行，是调用文件关闭函数关闭文件（将在下一小节中介绍）。

【运行效果】 编译并执行程序后，当用户输入的文件名为 "test.txt" 时，输出的内容如图 14.7 所示。

② fputc（ ）函数。除了可以读文件中的内容外，还可以把字符写入文件之中，文件单字符写入函数一般格式如下：

```
char fputc(char ch, FILE * fp);
```

其中，参数 ch 是要写入到文件中的字符，其可以是一个字符常量，也可以是一个变量。而 fp 是一个文件指针，其打开文件的方式必须包含写的方式。例如："w""a"或者"r+"等。函数的返回值，如果写入成功，则返回写入字符；如果失败，则返回 -1。

【实例 14.5】 将用户输入的字符添加（"a"方式）到"test.txt"文件中。当用户输入"#"号时，就结束输入。如示例代码 14.5 所示。

图14.7　从文件中读取字符并显示结果

示例代码14.5　保存用户输入的字符到文件

```
01  #include "stdio.h"                               /*包含系统函数头文件*/
02
03  int main(void)                                    /*主函数*/
04  {
05      FILE * fp = NULL;                             /*定义并初始化文件指针*/
06      char ch;
07      fp = fopen("test.txt","a");                   /*打开test.txt文本文件，并用追加方式*/
08      if(fp == NULL)
09      {
10          return 0;
11      }
12      while(1)
```

```
13      {
14          ch = getche( );                    /*接收用户输入的字符*/
15          if(ch!= '#')                       /*判断是否是#号*/
16          {
17              fputc(ch,fp);                  /*写入文件*/
18          }
19          else                               /*输入的是#号*/
20          {
21              break;                         /*退出循环*/
22          }
23      }
24      fclose(fp);                            /*关闭文件*/
25      getch( );                              /*暂停*/
26      return 0;                              /*返回*/
27  }                                          /*主函数完*/
```

【**代码解析**】 代码第 7 行，是调用 fopen（）函数，用添加方式打开"test.txt"文件。代码第 8 ～ 11 行，是判断是否成功打开文件。代码第 14 行，是把用户输入的字符保存起来。代码第 15 ～ 18 行，当用户输入的字符不是"#"号，则把字符写入文件之中。代码第 19 ～ 22 行，当用户输入的字符是"#"号，则退出整个循环。代码第 24 行，是调用文件关闭函数关闭文件。

【**运行效果**】 编译并执行程序后，输入字符串"this is test #"后，test.txt 文本文件的内容如下所示：

```
Read text file!
Hello world!
This is C program.
this is test
```

输入的字符串被添加到当前文件的尾部。

注意：在输入文本文件时，系统会自动将回车换行符转换为一个换行符。而在输出时会把换行符转换为回车换行符。

14.1.3.2 字符串操作函数

虽然 fgetc（）和 fputc（）能够用来读写文件中的字符，但是在平时使用之中，常常都要求一次读入或者写入字符串。为此 C 语言中引入了两个文件字符串输入输出处理函数：fgets（）函数和 fputs（）函数。

① fgets（）函数。fgets（）函数的作用是从指定文本文件中读入一个字符串。其格式如下：

```
char * fgets(char * str, int size, FILE *fp);
```

其中，参数 str 是一个存放字符串用的字符数组，size 用于指定从文件一次最大读取多少字符，但在读取时，该函数会把 size 的值赋为 -1。fp 指向已经打开，并且包含读方式的文件指针。函数返回值为 str 指向的地址。

② fputs（）函数。fputs（）函数的作用是向指定的文件中写入一个字符串。其格式如下：

```
int fputs(char *str, FILE *fp);
```

其中，参数 str 指向需要写入的字符串常量、字符数组或者字符型指针。fp 指向已经打开，包含写方式的文件指针。成功时，函数返回值为 0；失败为非 0 值。

【实例 14.6】 接收用户输入的文件名，将指定的源文件的内容复制到目标文件中，如示例代码 14.6 所示。

示例代码14.6 复制指定文件内容到目标文件中

```
01  #include "stdio.h"                              /*包含系统函数头文件*/
02
03  #define MAX 256                                 /*定义缓存最大宏*/
04
05  int main(void)                                  /*主函数*/
06  {
07      char srcfile[MAX] = {0};                    /*定义并初始化源文件名数组*/
08      char dstfile[MAX] = {0};                    /*定义并初始化目标文件名数组*/
09      char buff[MAX]    = {0};                     /*定义并初始化缓存数组*/
10      FILE * srcfp      = NULL;                    /*源文件指针*/
11      FILE * dstfp      = NULL;                    /*目标文件指针*/
12      printf("Please input src filename:");
13      scanf("%s",srcfile);                         /*接收源文件名*/
14      printf("Please input dst filename:");
15      scanf("%s",dstfile);                         /*接收目标文件名*/
16      srcfp = fopen(srcfile, "r");                 /*打开源文件，用只读方式*/
17      dstfp = fopen(dstfile, "w");                 /*打开目标文件，用只写方式*/
18      if((srcfp == NULL)||(dstfp == NULL))
19      {
20          printf("Open file error!\n");            /*如果有一个文件未打开成功，提示并返回*/
21          return 0;
22      }
23      while(!feof(srcfp))                          /*判断源文件指针结束*/
24      {
25          fgets(buff,MAX,srcfp);                   /*从源文件中读取字符串到缓存中*/
26          fputs(buff,dstfp);                       /*把缓存中的字符串输出到目标文件中*/
27      }
28      printf("copy over\n");                       /*复制结束提示*/
29      fclose(srcfp);                               /*关闭源文件*/
30      fclose(dstfp);                               /*关闭目标文件*/
31      getch( );                                    /*暂停*/
32      return 0;                                     /*返回*/
33  }                                                /*主函数完*/
```

【代码解析】 代码第 12 ~ 17 行，是接收用户输入的源文件名和目标文件名，打开相应的文本文件。代码第 23 ~ 27 行，是每次读取一行 srcfp 指向的文件中字符串后，又将该字符串输出到 dstfp 指向的文件中。代码第 29 和 30 行是关闭相应的文件。

【运行效果】 编译并执行程序后，输入源文件名为 "demo.txt"，该文件在程序运行前已经创建完毕。输入目标文件名为 "demo1.txt"。程序最后输出结果如图 14.8 所示。

再比较源文件 demo.txt 和目标文件 demo1.txt，发现完全一样，复制成功。文件内容如图 14.9 所示。

Please input src filename:demo.txt
Please input dst filename:demo1.txt
copy over

图 14.8 复制指定文件内容到目标文件中的结果

(a) demo.txt的内容   (b) demo1.txt的内容

图 14.9　demo 和 demo1 文件内容比较

14.1.3.3　格式化字符串操作函数

除了字符串操作函数外，还可以对文件中的内容进行格式化操作，即按格式进入数据输入与数据输出。

（1）fprintf（）函数

fprintf（）函数与 printf（）函数类似，不过其操作的对象是文件，用于格式化输出字符串到文件。一般格式如下所示：

```
int fprintf(FILE *fp, 格式字符串，输出参数列表);
```

其中，参数 fp 是文件指针，指向已经打开的文件，但必须是包含写方式的。格式化字符串及参数列表同 printf（）函数中的一样。例如：

```
fprintf(fp, "i=%d, f = %0.2f",i,f);
fprintf(fp, " abcdefg%s", str);
```

上面的例子分别是将格式化后的字符串输出到 fp 指定的文件之中。如果 i=10，f=0.5，str= "hello!"，则输出到文件中的字符串如下所示：

```
i=3,f=0.5 abcdefghello!
```

【实例 14.7】　计算 1～n 之间的全部素数，并输出到 "prime.txt" 文件中。n 值由用户输入，但必须是正数。如示例代码 14.7 所示。

示例代码14.7　计算1~*n*之间的全部素数

```
01 #include "stdio.h"                        /*包含系统函数头文件*/
02
03 #define FALSE  0                           /*宏定义*/
04 #define TRUE   1
05
06 int isPrime(int n)                         /*判断输入的数值是否是素数*/
07 {
08     int i;
09     if (n==1)                              /*如果是1,则不是素数*/
10     {
11         return FALSE;
12     }
13     if (n==2)                              /*如果是2，则是素数*/
14     {
15         return TRUE;
16     }
17     for (i=2;i<n;i++)
18     {
19         if (n%i==0)                        /*判断2~n之间，是否有可以除尽n的因数*/
```

```
20              {
21                  return FALSE;              /*如果有则不是素数*/
22              }
23          }
24      return TRUE;                          /*没有找到，则是素数*/
25  }
26
27  int main(void)                            /*主函数*/
28  {
29      int n = 0;
30      int i = 0;
31      FILE * fp = NULL;
32      fp = fopen("prime.txt", "w");        /*用写方式打开文件*/
33      if(fp == NULL)
34      {
35          printf("Open file error!\n");    /*打开出错，给出提示*/
36          return 0;
37      }
38      printf("Please input number :");
39      scanf("%d",&n);                      /*接收用户输入的数据*/
40      for(i=1; i<n; i++)
41      {
42          if(isPrime(i))                   /*调用判断函数*/
43          {
44              fprintf(fp, "%d is prime\n", i);  /*是素数，则写入到文件之中*/
45          }
46      }
47      printf("over\n");                    /*结束提示*/
48      fclose(fp);                          /*关闭文件*/
49      getch( );                            /*暂停*/
50      return 0;                            /*返回*/
51  }                                        /*主函数完*/
```

【代码解析】 代码第 6 ～ 25 行，是判断素数的函数实现流程。其通过如下流程来判断素数：

① 如果输入的数值是 1，则该数不是素数。

② 如果输入的数值是 2，则认为该数是素数。

③ 如果以上条件都不满足，则比较 2 ～ n 之间是否有可以除尽 n 值的数值，来判断该数是否是素数。如果有，则不是；如果没有，则是。

代码第 44 行，是将输出结果格式化地写入到"prime.txt"文件中。代码第 48 行，是关闭相应的文件。

【运行效果】 编译并执行程序后，输入 100，prime.txt中的内容如图 14.10 所示。

（2）fscanf（）函数

fscanf（）函数与 scanf（）函数类似，用于将格式化

图 14.10 计算 1 ～ n 之间的全部素数文件中的内容

的数据从文件中读取出来。其函数格式如下所示：

```
int fscanf(FILE *fp, 格式化字符串, 输入参数列表);
```

其中，参数 fp 是文件指针，指向已经打开的文件，但必须是包含读方式的。格式化字符串及参数列表同 scanf（）函数中的一样。例如：

```
fscanf(fp,"i=%d,s=%s",&i,str);
```

如果文件中格式如下：

```
i=10,s=hello;
```

则最后 i 的值就变成 10，字符数组 str 的值是"hello；"。

【实例 14.8】 现在将"prime.txt"中的每个素数的值读取出来，并显示在屏幕上，如示例代码 14.8 所示。

示例代码14.8　格式化读取指定文件中的数据

```
01 #include "stdio.h"                              /* 包含系统函数头文件 */
02
03 int main(void)                                  /* 主函数 */
04 {
05     FILE * fp = NULL;                           /* 定义文件指针 */
06     int n = 0;
07     fp = fopen("prime.txt", "r");               /* 只读方式打开指定文件 */
08     if(fp == NULL)
09     {
10         printf("open file error\n");
11         return 0;
12     }
13     while(!feof(fp))                            /* 判断文件结束 */
14     {
15         fscanf(fp,"%d is prime\n", &n);         /* 按指定格式读数据，第一个字符按数值处理 */
16         printf("%d ", n);                       /* 将读取到的数值输出到屏幕上
17     }
18     printf("\n");                               /* 打印换行
19     fclose(fp);
20     getch( );                                   /* 暂停 */
21     return 0;                                   /* 返回 */
22 }                                               /* 主函数完 */
```

【代码解析】 代码第 15 行，调用 fscanf（）函数，将文件的数据按指定格式读取，并且将第 1 个字符按整数处理，保存到变量 n 中。代码第 19 行是关闭相应的文件。

【运行效果】 编译并执行程序后，最后输出结果如图 14.11 所示。

图 14.11　格式化读取指定文件中的数据结果

14.1.3.4　二进制数据操作函数

二进制文件相当于一个大的数据块组合。在 C 语言中提供了两个函数对其进行输入与输出。
① fwrite（）函数。fwrite（）函数用于向二进制文件中写入数据，其调用格式如下：

```
int fwrite(unsigned char * pbuff, int size, int count, FILE *fp);
```

其中，参数 pbuff 是一个指向需要写入数据的存放地址，size 是指定写的单个数据大小，count 是指定一共需要写多个 size 个字节的数据，fp 是指向包含二进制写方式打开的文件指针，如 "wb" "ab" 等。

```
fwrite (buf,2,1,fp);
```

是将 buf 中的数据，按每个整数型大小，一次写入到 fp 指向的文件中。

【实例 14.9】 现在有一个关于学生的结构体数组，如下所示：

```
struct student
{
    int    id;                                      /*学号*/
    char name[10];                                  /*姓名*/
    int  age;                                       /*年龄*/
    int  score;                                     /*成绩*/
    char addr[30];                                  /*地址*/
}std[4];
```

现在需要制作一个 save( ) 函数，将用户输入的 4 位与学生相关的数据，保存到 "student.bin" 文件中。如示例代码 14.9 所示。

示例代码14.9 录入并保存学生信息到文件中

```
01 #include "stdio.h"                               /*包含系统函数头文件*/
02 /*定义错误值及成功宏*/
03 #define SUCC               0
04 #define OPEN_FILE_ERROR    -1
05 #define WRITE_FILE_ERROR   -2
06 #define SIZE 4                                    /*宏定义数组大小*/
07
08 typedef struct STUDENT_STRU                       /*定义学生信息结构*/
09 {
10     int    id;                                    /*学号*/
11     char name[10];                                /*姓名*/
12     int  age;                                     /*年龄*/
13     int  score;                                   /*成绩*/
14     char addr[30];                                /*地址*/
15 }STUDENT;
16
17 int save(STUDENT * pstd)                          /*保存函数*/
18 {
19     FILE * fp = NULL;                             /*文件指针*/
20     fp = fopen("student.bin","ab");               /*打开指定文件, 用二进制添加方式*/
21
22     if(fp == NULL)
23     {
24         printf("open file error\n");
25         return OPEN_FILE_ERROR;                   /*如果打开失败, 返回给调用函数*/
26     }
27     /*把录入的信息写入文件*/
```

```
28      if(fwrite((void*)pstd,sizeof(STUDENT),1, fp) != 1)
29      {
30          printf("write file error\n");
31          return WRITE_FILE_ERROR;              /*如果写入失败,返回给调用函数*/
32      }
33
34      fclose(fp);                               /*关闭文件*/
35
36      return SUCC;                              /*返回成功*/
37  }
38
39  int main(void)                               /*主函数*/
40  {
41      STUDENT stud[SIZE] = {{0}};               /*定义包含4个学生信息结构数组*/
42      int i = 0;
43
44      for(i=0; i<SIZE; i++)
45      {
46          printf("Please input student info\n");
            /*接收用户输入的数据*/
47          scanf("%d%s%d%d%s",&(stud[i].id), stud[i].name,
48                  &(stud[i].age),&(stud[i].score),stud[i].addr);
49          save(&stud[i]);                       /*调用保存函数,将数据写入文件*/
50      }
51
52      getch( );                                 /*暂停*/
53      return 0;                                 /*返回*/
54  }                                             /*主函数完*/
```

【代码解析】 代码第 28 行,调用 fwrite（ ）函数,将学生相关信息保存,即将一个长度为 46 个字节（结构体变量的长度为其成员长度之和,即 2+10+2+2+30=46）的数据块写入到指定的 "student.bin" 文件中。代码第 34 行是关闭相应的文件。

【运行效果】 编译并执行程序后,由于只是将用户输入的数据进行保存,所以没有输出。输入的数据如图 14.12 所示。同时,由于保存的是二进制数据文件,所以用记事本打开不会显示,后面在介绍读函数时,就可以查看是否写入正确。

图 14.12 输入的数据

② fread（ ）函数。fread（ ）函数用于读取二进制文件中的数据,其调用格式如下:

```
int fread(unsigned char * pbuff, int size, int count, FILE *fp);
```

其中,参数 pbuff 是一个指向读入数据的存放地址,size 指定读的单个数据大小,count 指定一共需要读多个 size 个字节的数据,fp 是指向包含二进制读方式打开的文件指针。例如:

```
fread(buf,2,2,fp);
```

是读 2 个整数大小的数据存储到数据 buf 中。

【实例 14.10】 将指定文件 "student.bin" 中学生信息数据读出来,并显示在屏幕上,来验证图 14.12 中输入的数据是否保存成功。如示例代码 14.10 所示。

示例代码14.10　读取指定文件中数据并显示

```
01  #include "stdio.h"                              /*包含系统函数头文件*/
02  /*宏定义各种返回值*/
03  #define SUCC                 0
04  #define OPEN_FILE_ERROR     -1
05  #define READ_FILE_ERROR     -2
06
07  #define SIZE 4                                   /*定义数组大小宏*/
08
09  typedef struct STUDENT_STRU                      /*学生信息结构体定义*/
10  {
11      int    id;                                   /*学号*/
12      char name[10];                               /*姓名*/
13      int   age;                                   /*年龄*/
14      int   score;                                 /*成绩*/
15      char addr[30];                               /*地址*/
16  }STUDENT;
17
18  void disp(STUDENT * pstd)                         /*显示函数*/
19  {
20      printf("%d %s %d %d %s\n", pstd->id, pstd->name,
21          pstd->age, pstd->score, pstd->addr);
22  }
23
24  int main(void)                                    /*主函数*/
25  {
26      FILE * fp = NULL;                             /*定义文件指针*/
27      int  i    = 0;
28      STUDENT stud[SIZE] = {{0}};
29      /*用二进制读取方式打开指定文件*/
30      if((fp = fopen("student.bin","rb")) == NULL)
31      {
32          printf("open file error\n");
33          return OPEN_FILE_ERROR;                  /*打开失败，返回错误值*/
34      }
35
36      for(i=0; i<SIZE; i++)
37      {
        /*每次读取一个STUDENT结构体大小的字节到结构体变量中*/
38          if(fread(&stud[i],sizeof(STUDENT),1, fp) != 1)
39          {
40              return READ_FILE_ERROR;              /*读取失败，返回错误值*/
41          }
42          disp(&stud[i]);
43
44      }
45
```

```
46      fclose(fp);                          /*关闭文件*/
47      getch( );                            /*暂停*/
48      return 0;                            /*返回*/
49 }                                         /*主函数完*/
```

【代码解析】 代码第 38 行，调用 fread（）函数，将学生相关信息从指定的"student.bin"文件中读出来，每次读取 1 个 STUDENT 结构体大小的字节到结构体变量。代码第 42 行是关闭相应的文件。

【运行效果】 编译并执行程序后，读取的数据如图 14.13 所示。与图 14.12 输入的数据比较，证明保存的数据是完全正确的。

注意：在 C 语言中，对文件的存取都是以字节为单位的。

图 14.13 读出的数据

14.1.4 关闭文件

在使用完一个文件后，必须将其进行关闭，这样以防止再次误使用，导致错误。关闭文件的系统函数格式如下：

```
int fclose(FILE * fp);
```

该函数的返回值为一个 int 型值，当顺利执行关闭操作时，返回值为 0；如果返回值为非零，则表示关闭时有错误。

例如，fp 是已经指向一个文件的文件指针，则关闭其可以使用如下方式：

```
fclose(fp);
```

在这里的"关闭"其实就是将指向文件的文件指针与文件进行分离，此后不能再通过该指针对其相关联的文件进行操作，除非再次打开，使该指针重新指向该文件。

注意：程序在不使用相关文件指针后，必须将该文件进行关闭，这样才不会导致数据丢失。

14.2 文件定位函数

在进行文件操作时，每个文件中都有一个位置指针，指向当前文件中已经读写的位置。这就像 Word 或者记事本中输入字符时，用一个闪动的光标来标识当前位置一样。如果想要跳过多行到后面或者前面去继续输入，则需要把光标移动到该位置上。

在 C 语言中，如果是顺序读写一个文件，则每次读写一个字符，在读写完一个字符后，文件中位置指针自动移动指向下一个字符位置。如果想要移动该位置指针，则需要使用到本节所介绍的文件定位函数。

14.2.1 fseek( )函数

改变文件位置指针最常用的函数就是 fseek（）。其调用格式如下所示：

```
int fseek(FILE * fp, long offset, int fromwhere);
```

其中，参数 fp 是已经打开文件的文件指针。offset 是指以 fromwhere 为基点向前或者向后移动的字节数，如果该值为正，则是向后移动；如果该值为负，则是向前移动。fromwhere 用来表示起始位置，在 C 语言中用 3 个宏来表示，如表 14.2 所示。

表14.2　起始位置宏定义及含义说明

宏定义	数值	说明
SEEK_SET	0	文件开始位置
SEEK_CUR	1	文件当前位置
SEEK_END	2	文件末尾位置

图14.14　宏定义所标识的位置

注意：fseek（）函数一般用于二进制文件，因为文本文件中要发生字符转换，计算位置时常常会发生错误。

SEEK_SET 和 SEEK_END 所标识的位置如图 14.14 所示。

下面是关于用 fseek()函数来实现文件中位置的定位。

```
fseek(fp, 10, SEEK_SET);          /*将位置指针移动到离文件头10个字节处*/
fseek(fp,-20, SEEK_END);          /*将位置指针移动到文件末尾后退20个字节处*/
fseek(fp,30,SEEK_CUR);            /*将位置指针从当前位置移动到后30个字节处*/
```

【实例 14.11】 保存在 "students.bin" 文件中的 10 个学生信息如表 14.3 所示。

表14.3　学生信息

id	name	age	score	addr	id	name	age	score	addr
101	wang	18	95	chongqinglu	106	cenglu	22	85	qixinggang
102	liang	22	80	xizhanglu	107	liumeng	19	88	zengjialu
103	xiaoming	23	80	jiangxilu	108	qinqin	20	90	xiaoyilu
104	yang	22	88	renminglu	109	qianglin	22	80	hangjialu
105	jiangli	23	89	dalitang	110	renwuxing	21	92	heimu

利用 fseek()函数，分别读出该文件中顺序为 1、3、5、7、9 的学生信息显示到屏幕上。如示例代码 14.11 所示。

示例代码14.11　显示序号为单的学生信息

```
01  #include "stdio.h"                    /*包含系统函数头文件*/
02  /*宏定义各种返回值*/
03  #define SUCC              0
04  #define OPEN_FILE_ERROR   -1
05  #define READ_FILE_ERROR   -2
06
07  #define SIZE 10                       /*定义数组大小*/
08
09  typedef struct STUDENT_STRU
10  {
11      int    id;                        /*学号*/
12      char name[10];                    /*姓名*/
13      int  age;                         /*年龄*/
14      int  score;                       /*成绩*/
15      char addr[30];                    /*地址*/
16  }STUDENT;
17
```

```
18  void disp(STUDENT * pstd)                  /*显示学生信息函数*/
19  {
20      printf("%d %s %d %d %s\n", pstd->id, pstd->name,
21          pstd->age, pstd->score, pstd->addr);
22  }
23
24  int main(void)                             /*主函数*/
25  {
26      FILE * fp = NULL;                      /*定义文件指针*/
27      int  i    = 0;
28      STUDENT std   = {{0}};                 /*定义学生信息结构体变量*/
29
30      /*用二进制读方式打开指定文件*/
31      if((fp = fopen("students.bin","rb")) == NULL)
32      {
33          printf("open file error\n");
34          return OPEN_FILE_ERROR;
35      }
36
37      for(i=0; i<SIZE; i+=2)                  /*循环，每次增加2*/
38      {
        /*移动当前文件指针到离文件头i*结构体字节位置*/
39          fseek(fp,i*sizeof(STUDENT),SEEK_SET);
        /*读指定大小数据到学生信息变量中*/
40          if(fread(&std,sizeof(STUDENT),1, fp) != 1)
41          {
42              return READ_FILE_ERROR;
43          }
44          disp(&std);                        /*显示信息*/
45      }
46      fclose(fp);
47      getch( );                              /*暂停*/
48      return 0;                              /*返回*/
49  }                                          /*主函数完*/
```

【代码解析】 代码第 38 ~ 45 行，是利用循环语句从 0 开始（录入顺序为 1），每次增加 2，来读取录入序号为单的学生信息。然后利用 fseek（）函数，将当前文件中的位置指针移动到离文件头 i* 结构体字节大小的位置，i 每次循环都增加 2。最后利用 fread（）函数，来把 STUDENT 结构体变量大小的数据，读入到 std 变量中。

代码第 44 行，是调用显示函数，将结构体中数据显示出来。

代码第 46 行是关闭相应的文件。

图14.15 录入顺序为单的学生信息

【运行效果】 编译并执行程序后，最后输出的结果如图 14.15 所示。

14.2.2 ftell( )函数

由于文件中的位置指针经常移动，导致程序员不知道当前指针的位置，出现混乱，所以有的时候就要用到 ftell（ ）函数。其主要作用是返回当前文件中位置指针相对文件头的位移量，即当前所在位置。该函数的调用格式如下：

```
long ftell(FILE * fp);
```

其中，参数 fp 是指向已经打开文件的文件指针。当返回值为 -1 时，表示出错。其他数值表示当前位置相对于文件头的偏移量。

【实例 14.12】 计算用户指定文件的大小，并显示到屏幕上。如示例代码 14.12 所示。

示例代码14.12　计算用户指定文件的大小

```
01  #include "stdio.h"                              /* 包含系统函数头文件 */
02
03  #define MAX 255
04
05  int main(void)                                  /* 主函数 */
06  {
07      long size = 0;                              /* 定义并初始化变量 */
08      FILE *fp = NULL;                            /* 定义并初始化文件指针 */
09      char filename[MAX] = {0};
10
11      printf("Please input filename:\n");
12      scanf("%s",filename);                       /* 得到用户输入的路径及文件名 */
13
14      fp = fopen(filename, "rb");                 /* 打开指定文件 */
15
16      if(fp == NULL)
17      {
18          printf("Open file error\n");            /* 打开文件失败，提示 */
19          return 0;                               /* 返回 */
20      }
21
22      fseek(fp, 0, SEEK_END);                     /* 跳到文件尾部 */
23      size = ftell(fp);                           /* 当前位置值 */
24      fclose(fp);                                 /* 关闭文件 */
25
26      printf("%s size is %ld Bytes\n", filename, size);
27
28      getch( );                                   /* 暂停 */
29      return 0;                                    /* 返回 */
30  }                                               /* 主函数完 */
```

【代码解析】 代码第 22 ～ 24 行，是打开文件后，跳到当前文件的最后，然后根据该 ftell（ ）函数返回当前位置值，即离文件头的位置（单位字节），就可以算出指定文件大小。代码第 24 行是关闭相应的文件。

【运行效果】 编译并执行程序，输入指定文件名后，最后输出的结果如图 14.16 所示。

图14.16　计算用户指定文件的大小结果

注意：文件名指定时，除非是当前文件夹中的文件，否则应该指定全路径，包含文件名才能找到该文件。

14.2.3 rewind( )函数

文件指针在移动多次后，就有可能不知道移动到哪里去了。除了可以使用 ftell（ ）来得到当前指针位置外，还可以使用复位指针的方法，让位置指针重新返回到文件的开头。这就像电脑用久后，会变得比较慢，可使用让其重新启动（复位）的方法来恢复。

文件指针的复位函数是 rewind（ ）函数。其调用方式为：

```
void rewind(FILE * fp);
```

其中，参数 fp 是指向已经打开文件的文件指针。但这个函数没有返回值，只要调用后就可以将位置指针重新回到文件头。

【实例 14.13】 读取指定文件，显示并复制其内容到另一指定文件，如示例代码 14.13 所示。

示例代码14.13 显示并复制文件内容

```
01  #include "stdio.h"                        /*包含系统函数头文件*/
02
03  #define MAX 255                           /*宏定义*/
04
05  int main(void)                            /*主函数*/
06  {
07      FILE * srcfp = NULL;                  /*初始化源文件指针*/
08      FILE * dstfp = NULL;                  /*初始化目标文件指针*/
09      char srcfilename[MAX] = {0};
10      char dstfilename[MAX] = {0};
        /*提示并接收用户输入的源和目标名称*/
11      printf("Please input src file name and dst file name:\n");
12      scanf("%s%s",srcfilename, dstfilename);
13      srcfp = fopen(srcfilename, "r");      /*用读方式打开源文件*/
14      dstfp = fopen(dstfilename, "w");      /*用写方式打开目标文件*/
15
16      if(srcfp == NULL || dstfp == NULL)
17      {
18          printf("Open file error\n");      /*有文件打开失败，提示*/
19          return 0;
20      }
21
22      while(!feof(srcfp))
23      {
24          putchar(fgetc(srcfp));            /*读取文件内容后显示*/
25      }
26      printf("\n");
27      rewind(srcfp);                        /*让位置指针复位*/
28      while(!feof(srcfp))
29      {
30          fputc(fgetc(srcfp), dstfp);       /*读取文件内容后保存到目标文件中*/
31      }
32      fclose(srcfp);                        /*关闭文件*/
```

```
33      fclose(dstfp);                          /* 关闭文件 */
34      getch( );                               /* 暂停 */
35      return 0;                               /* 返回 */
36  }                                           /* 主函数完 */
```

【代码解析】 代码第 27 行，就是调用 rewind（）函数，将源文件的位置指针重新指向文件头位置。

【运行效果】 编译并执行程序，输入指定文件名后，最后输出的结果如图 14.17（a）所示。而复制完成后，目标文件的内容如图 14.17（b）所示。

(a)   (b)

图 14.17　显示并复制文件内容结果及文件内容

14.3　文件管理函数的应用

在程序中有时候除了需要对文件的内容进行操作外，还需要对文件本身进行一些管理上的操作，例如删除文件、给文件重命名等。这时就需要用到 C 语言中的文件管理函数。

14.3.1　删除文件

操作系统中安装的应用程序多了，就会在硬盘上创建很多各种各样的文件；上网浏览网页或者打游戏时，同样也会自动下载很多图片或者影音文件到硬盘上；在以写方式打开文件时，如果该文件不存在，系统也会自动创建一个指定名称的文件。这样一来就导致硬盘上的空间会被占用很多。在空间不够时，就需要对文件进行删除操作。

在 C 语言中，提供了一个可以删除文件的系统函数，其格式如下：

```
int remove(char * filename);
```

其中，参数 filename 用于指定需要删除的文件名称（这个名称包含其路径）。该函数的返回值如果是 0，则删除成功；否则删除失败。

例如，删除 temp 文件夹中的 tmp.bak 文件格式如下：

```
remove(c:\temp\tmp.bak);
```

【实例 14.14】 调用 remove（）函数，删除用户指定的文件，并显示删除结果。如示例代码 14.14 所示。

示例代码 14.14　删除用户指定的文件

```
01  #include "stdio.h"                          /* 包含系统函数头文件 */
02
03  #define MAX 255
```

```
04
05  int main(void)                                  /*主函数*/
06  {
07      char filename[MAX] = {0};                   /*存放文件名称数组*/
08      printf("please input delete filename:\n");
09      scanf("%s",filename);
10      if(0 == remove(filename))                   /*调用删除函数*/
11      {
12          printf("%s file deleted\n", filename);
13      }
14      else
15      {
16          printf("delete %s file error\n", filename);
17      }
18      getch( );                                   /*暂停*/
19      return 0;                                    /*返回*/
20  }                                               /*主函数完*/
```

【代码解析】　代码第 10 行，就是调用 remove（）函数，将指定的文件进行删除。

【运行效果】　编译并执行程序后，需要删除的文件名称是"f：\demo\demo_del.txt"。执行命令前后的对比如图 14.18（a）所示。最后输出结果如图 14.18（b）所示。

<table>
<tr><td>(a)</td><td>(b)</td></tr>
</table>

图 14.18　删除用户指定的文件执行结果对比及输出结果

14.3.2　重命名文件

在对文件的操作中，除了删除文件外，常常还会对文件进行重命名操作。所谓重命名，就是给文件重新取一个新名字，方便记忆。这就好比在 QQ 上大家常常更换昵称一样。

在 C 语言中，提供了 rename（）函数用于对文件进行重命名。其格式如下：

```
int rename(const char *oldname, const char *newname);
```

其中，参数 oldname 是旧文件名，newname 是新文件名。函数调用成功返回 0；否则返回其他值。

【实例 14.15】　调用 rename（）函数，将用户输入的指定文件重命名为新名称。如示例代码 14.15 所示。

示例代码14.15　重命名指定文件

```
01  #include "stdio.h"                              /*包含系统函数头文件*/
02
03  #define MAX 255
```

```
04
05   int main(void)                              /*主函数*/
06   {
07       char oldname[MAX] = {0};                /*旧文件名*/
08       char newname[MAX] = {0};                /*新文件名*/
09       printf("Please input oldname and newname:\n");
10       scanf("%s%s",oldname,newname);
11       if(0 == rename(oldname, newname))       /*调用重命名函数*/
12       {
13           printf("%s rename %s\n", oldname, newname);
14       }
15       else
16       {
17           printf("rename error\n");
18       }
19       getch( );                               /*暂停*/
20       return 0;                               /*返回*/
21   }                                           /*主函数完*/
```

【代码解析】 代码第 10 行，就是调用 rename（ ）函数，将指定的文件 oldname 重命名为 newname。

【运行效果】 编译并执行程序后，重命名的旧文件名称是 "f : \demo\demo.txt"，新文件名是 "f : \demo\demo.bak"。执行命令前后的对比如图 14.19（a）所示。最后输出结果如图 14.19（b）所示。

(a)   (b)

图 14.19   重命名执行结果对比及输出结果

注意：在进行重命名函数操作时，两个名称都应该输入路径加文件名才能执行成功。

14.4   使用临时文件

在使用电脑进行网上冲浪时，Web 浏览程序会在硬盘中保存网页的缓存，以提高以后浏览的速度，这些缓存就是临时文件；程序设计中，当需要计算大量数据时，由于电脑的内存总是有限的，为了提高效率，所以也需要创建很大的数据缓存来保存中间数据，而这中间临时数据就必须存放到硬盘上，这时就可以创建一个临时文件来保存。

在 C 语言中，提供了 tmpfile（ ）函数来创建一个临时文件。其格式如下：

```
FILE *tmpfile(void);
```

该函数的作用是：生成一个临时文件，以"wb"的模式打开，并返回这个临时文件的指针，如果创建失败，则返回 NULL；在程序结束时，这个文件会被系统自动删除。

【实例 14.16】　调用 tmpfile（）函数创建临时文件。如示例代码 14.16 所示。

示例代码14.16　创建临时文件

```
01  #include "stdio.h"                        /*包含系统函数头文件*/
02
03  int main(void)                            /*主函数*/
04  {
05      FILE * fp = NULL;                     /*定义文件指针*/
06      if((fp = tmpfile()) == NULL)          /*调用函数创建临时文件*/
07      {
08          printf("Create temp file error\n");
09      }
10      else
11      {
12          printf("Create temp file succeed\n");
13      }
14      getch( );                             /*暂停*/
15      return 0;                             /*返回*/
16  }                                         /*主函数完*/
```

【代码解析】　代码第 6 行，就是调用 tmpfile（）函数，创建临时文件。

【运行效果】　编译并执行程序后，在当前文件夹中自动创建了一个"TMP1.$$$"的临时文件，如图 14.20（a）所示。而在程序结束后，系统自动将该文件删除掉了，如图 14.20（b）所示。

图 14.20　在文件夹中创建的临时文件

有时候，程序中需要创建新文件，又不想将文件夹中的其他文件删除掉，就要求这个文件名不能与其他文件名相同。应该怎么办呢？

其实，在 C 语言系统中提供了可以生成唯一文件名的函数 tmpnam（），用该函数生成的文件名，是系统中唯一的文件名。其格式如下：

```
char *tmpnam(char *s);
```

其中，参数 s 用来保存得到的文件名。函数返回值是指向该字符数组的指针。如果调用失败，返回 NULL。C 语言中的 tmpfile（）也是调用了此函数来创建临时文件的。

例如：

```
char namestr[255] = {0};
char * p = NULL;
p = tmpnam(namestr);
```

上面的例子中，namestr 中保存了生成的文件名，而 p 也指向这个字符串。

第15章
C语言中的库函数

扫码拓展阅读

第16章
应用数据结构

要用计算机处理的信息，必然需要以一定的数据组织方式存储在计算机内存中，这种组织方式就是数据结构。前面介绍的数组，就是最简单的数据组织方式。我们在实际编写代码的时候，对于稍微大型一点的程序，难免需要把数据以比较良好的方式组织在内存中，然后才能编写对这些数据的操作算法。所以，现实生活中的问题若用计算机来处理，就需要掌握数据模拟化之后的相关数据结构和算法。

16.1　单链表

16.1.1　单链表的概念

链表是用一组任意的存储单元来存放线性表的结点，这组存储单元既可以是连续的，也可以是不连续的，甚至可以零散分布在内存中的任何位置上。因此，链表中结点的逻辑次序和物理次序不一定相同。为了能正确表示结点间的逻辑关系，在存储每个结点值的同时，还必须存储指示其后继结点的地址（或位置）信息，这个信息称为指针或链。这两部分信息组成了链表中的结点结构，如图 16.1 所示。

其中，data 域是数据域，用来存放结点的值；next 域是指针域（亦称链域），用来存放结点的直接后继的地址（或位置）。链表正是通过每个结点的链域将线表 n 个结点按其逻辑顺序链接在一起的，由于上述链表的每个结点只有一个链域，故将这种链表称为单链表。

显然，单链表中每个结点的存储地址都存放在其前趋结点 next 域中，而开始结点无前趋，故应设头指针 head 指向开始结点。同时，由于终端结点无后继，故终端结点的指针域为空，即 NULL。同时，由于单链表只注重点间的逻辑顺序，并不关心每个结点的实际存储位置，因此我们通常是用箭头来表示链域中的指针，于是链表就可以直观地画成用箭头链接起来的结点序列。单链表结构示意如图 16.2 所示。

图 16.1　链表中的结点结构　　　　　　　　图 16.2　单链表的结构

16.1.2　单链表的创建

一般，由于单链表的头指针是唯一确定的，因此单链表也可以用头指针的名字来命名。例如，若头指针名是 head，则可以把该链表称为表 head。单链表的定义方式如下：

```
typedef char DataType ;      /* 假设结点的数据域类型是字符 */
typedef struct node{         /* 结点类型定义 */
    DataType data;           /* 结点的数据域 */
    struct node * next       /* 结点的指针域 */
}ListNode;
typedef ListNode * LinkList;
ListNode * p;
LinkList head;
```

这里，LinkList 和 ListNode* 是不同名字的同一个指针的类型，命名的不同是为了概念上更明确。例如，LinkList 类型的指针变量 head 表示其是单链表的头指针，而 ListNode* 类型的指针变量 p 则表示其是指向某一结点的指针。

值得一提的是一定要严格区分指针变量和结点变量这两个概念。例如，以上定义的 p 是类型为 ListNode* 的指针变量，若 p 的值非空（p!=NULL），则其值是类型为 ListNode 的某一个结点的地址。

通常 p 所指的结点变量是在程序执行过程中，当需要时才产生的。例如：

```
p=(ListNode*)malloc(sizeof(ListNode);
```

其中，函数 malloc（）分配一个类型为 ListNode 的结点结构体的空间，并将其首地址放入指针变量 p 中。一旦 p 所指的结点变量不再需要了，又可通过标准函数

```
free(p);
```

释放 p 所指的结点变量空间。因此，无法通过预先定义的标符去访问这种动态的结点变量，而只能通过指针 p 来访问，即用"*p"作为该结点变量的名字来访问。

由于结点类型 ListNode 是结构体类型，因而"*p"可以代表该结构，故可用 C 语言的成员选择符"."来访问该结构的两个成员，如下所示：

```
(*p).data;                              /*访问指定结点值*/
(*p).next;                              /*下一结点地址*/
```

由于这种访问形式比较复杂，一般还是采用指针的方式，即用"->"来访问指针所指结构体的成员更为方便，如下所示：

```
p->data;
p->next;
```

注意：若指针变量 p 的值为 NULL，则其不指任何结点，此时，若通过"*p"来访问结点就会访问一个不存在的变量，从而引起程序错误。

建立单链表的方法有 2 种。

（1）头插法建表

该方法从一个空表开始，重复读入数据，生成新结点，将读入数据存放到新结点的数据域中，然后将新结点插入到当前链表的表头上，直到读入结束标志为止。

例如：在空链表 head 中依次插入 a、b 之后，将 c 插入到当前链表的表头，其指针的修改情况如图 16.3 所示。

图 16.3　头插法将结点 c 插入到单链表 head 中

【实例 16.1】　头插法算法如示例代码 16.1 所示。

示例代码16.1　头插法算法

```
01 #include "stdio.h"                              /*包含系统函数头文件*/
02
03 typedef char DataType ;                         /* 假设结点的数据域类型是字符*/
04 typedef struct node{                            /* 结点类型定义 */
05     DataType data;                              /* 结点的数据域 */
06     struct node * next;                         /* 结点的指针域 */
07 }ListNode;
08 typedef ListNode * LinkList;
09 ListNode * p;
10 LinkList head;
11
12 int main(void)                                  /*主函数*/
13 {
14     char ch;
15     LinkList head = NULL;                       /*头结点指针*/
16     ListNode *p;
17     ch = getchar();                             /*得到用户输入的数据*/
18     while(ch != '\n')
19     {
    /*生成新结点*/
20         p=(ListNode *)malloc(sizeof(ListNode));
21         p->data = ch;                           /*将读入的数据加入新结点的数据域中*/
22         p->next = head;
23         head = p;
24         ch = getchar( );                        /*读入下一个字符*/
25     }
26     getch( );                                   /*暂停*/
27     return 0;                                   /*返回*/
28 }                                               /*主函数完*/
```

【代码解析】　代码第 18 ～ 25 行，是头插法创建单链表的算法。

【运行效果】　编译并执行程序后，输入 a、b、c 后，数据存储如图 16.4 所示。

（2）尾插法建表

头插法建立链表虽然算法简单，但生成的链表中结点的次序和输入的顺序相反。若希望二者次序一致，可采用尾插法建表。该方法是将新结点插到当前链表的表尾上，为此必须增加一个尾指针 r，使其始终指向当前链表的尾结点。

例如：在空链表 head 中插入 a、b、c 之后，将 d 插入到当前链表的表尾，其指针的修改情况如图 16.5 所示。

图 16.4　输入后的数据示意图　　　　　　　图 16.5　将新结点 d 插到单链表 head 的尾上

【实例 16.2】 尾插法算法如示例代码 16.2 所示。

示例代码16.2　尾插法算法

```
01 #include "stdio.h"                              /*包含系统函数头文件*/
02
03 typedef char DataType ;                         /* 假设结点的数据域类型是字符*/
04 typedef struct node{                            /* 结点类型定义 */
05     DataType data;                              /* 结点的数据域 */
06     struct node * next;                         /* 结点的指针域 */
07 }ListNode;
08 typedef ListNode * LinkList;
09 ListNode * p;
10 LinkList head;
11
12 int main(void)                                  /*主函数*/
13 {
14     char ch;
15     LinkList head = NULL;                        /*链表初值为空*/
16     ListNode * p = NULL;
17     ListNode * r = NULL;                         /*尾指针初值为空*/
18     ch = getchar();
19     while (ch != '\n')
20     {
       /*创建结点*/
21         p = (ListNode *)malloc(sizeof(ListNode));
22         p->data = ch;
23         if (head == NULL)
24         {
25             head = p;                            /*新结点插入空表*/
26         }
27         else
28         {
29             r->next = p;                         /*新结点插入非空表的尾结点之后*/
30         }
31         r = p;                                   /*尾指针指向新表尾*/
32         ch = getchar();
33     }
```

```
34      if(r != NULL)
35      {
36          r->next = NULL;                    /* 对于非空表，将尾结点指针域置空 */
37      }
38      getch( );                              /* 暂停 */
39      return 0;                              /* 返回 */
40  }                                          /* 主函数完 */
```

【代码解析】　代码第 23 ～ 26 行，是第一个生成的结点，即开始结点，将其插入到空表中，是在当前链表的第一个位置上插入，该位置上的插入操作和链表中其他位置上的插入操作处理是不一样的，原因是开始结点的位置是存放在头指针中，而其余结点的位置是在其前趋结点的指针域中，因此必须对第一个位置上的插入操作做特殊处理，为此上述算法使用了第一个 if 语句。

代码第 34 ～ 37 行，是第二个 if 语句，其作用是分别处理空表和非空表这两种不同的情况，若读入第一个字符就是结束标志符，则链表 head 是空表，尾指针 r 亦为空，结点 *r 不存在；否则链表 head 非空，最后一个尾结点 *r 是终端结点，应将其指针域置空。如果在链表的开始结点之前附加一个结点，并称它为头结点，那么会带来以下两个优点：

① 由于开始结点的位置被存放在头结点的指针域中，所以在链表的第一个位置上的操作就和在表的其他位置上操作一致，无须进行特殊处理。

② 无论链表是否为空，其头指针是指向头结点的非空指针（空表中结点的指针域空），因此空表和非空表的处理也就统一。

【运行效果】　编译并执行程序后，输入 a、b、c 后，数据存储如图 16.6 所示。

图 16.6　输入后的数据存储示意

16.1.3　单链表的使用

单链表上的一般操作可以分为三种：遍历、插入和删除，下面将分别进行介绍。

（1）链表的遍历

链表的遍历，必须从链表的头指针出发，顺着链表逐个结点往下搜索，直到搜索完整个链表为止。

【实例 16.3】　创建一个单链表，并将其值显示到屏幕上。如示例代码 16.3 所示。

示例代码16.3　链表的遍历

```
01  #include "stdio.h"                         /* 包含系统函数头文件 */
02  #include "stdlib.h"
03
04  typedef char DataType ;                    /* 假设结点的数据域类型是字符 */
05  typedef struct node{                       /* 结点类型定义 */
06      DataType data;                         /* 结点的数据域 */
07      struct node * next;                    /* 结点的指针域 */
08  }ListNode;
09  typedef ListNode * LinkList;
10
11  void print(LinkList head)                  /* 输出链表所有结点 */
12  {
```

```
13      LinkList p = head;                          /*P指向链表第一个结点*/
14      while(p!=NULL)
15      {
16          printf("%c ",p->data);
17          p=p->next;                              /*P指向下一个结点*/
18      }
19 }
20
21 int main(void)                                   /*主函数*/
22 {
23      char ch;
24      LinkList head = NULL;                        /*头指针*/
25      ListNode *p;
26      ch = getchar();
27      while(ch != '\n')
28      {
            /*生成新结点*/
29          p=(ListNode *)malloc(sizeof(ListNode));
30          p->data = ch;                            /*将读入的数据加入新结点的数据域中*/
31          p->next = head;
32          head = p;
33          ch = getchar();                          /*读入下一个字符*/
34      }
35      print(head);                                 /*调用遍历显示函数*/
36      getch( );                                    /*暂停*/
37      return 0;                                     /*返回*/
38 }                                                 /*主函数完*/
```

【代码解析】 代码第 11 ～ 19 行，就是遍历整个链表的函数实现。每次显示完成后，p 指针就指向当前位置的下一个结点，直到遇到 NULL 为止。代码第 26 ～ 34，是头插法创建一个单链表。

【运行效果】 编译并执行程序后，输入 "abcdewanghao" 后，输出结果如图 16.7 所示。

图16.7 遍历后输出的结果

（2）插入结点

为了节约篇幅，笔者在这里只讨论将 x 插入到第 i 个结点之后的情况，其他情形请读者自己实践。插入结点算法如下：

① 找到第 i 个结点。

② 为插入数据申请一个存储单元。

③ 将插入结点链接在第 i 个结点后。

④ 再将原第 $i+1$ 个结点链接在插入结点后，完成插入操作。

示例代码16.4

【实例 16.4】 创建链表保存用户输入的字符，然后在指定序号结点后插入数据，并显示整个链表数据，如示例代码 16.4 所示。

【代码解析】 代码第 14 ～ 35 行，就是插入结点的函数实现。其中 24 ～ 28 行是根据用户输入的序号查找指定的结点。代码第 29 ～ 32 行，是将新生成的结点插入到指定序号结点的后面。代码第 37 ～ 45 行，是遍历并显示整个链表数据的函数实现。

【运行效果】 编译并执行程序后，输入"abcdefg"，并在第 2 结点后插入 'a'，最后输出的结果如图 16.8 所示，说明插入成功。

图16.8 插入结点的结果

（3）删除结点

如果要删除链表中的第 i 个结点，其过程如下：

① 找到第 i-1 个结点和第 i 个结点。

② 将第 i+1 个结点链接在第 i-1 个结点后。

③ 再释放第 i 个结点所占空间，完成删除操作。

【实例 16.5】 创建链表保存用户输入的字符，然后删除指定序号结点，并显示整个链表数据，如示例代码 16.5 所示。

【代码解析】 代码第 11 ～ 32 行，是删除结点的函数实现。

示例代码16.5

【运行效果】 编译并执行程序后，输入"abcdefg"，并指定删除第 2 个结点，最后输出的结果如图 16.9 所示，说明删除成功。

图16.9 删除指定结点结果

16.2 栈

栈也是各种程序设计中常用的数据结构，其逻辑结构和与普通线性表一样。其特点在于运算受到了规则限制：栈必须按"后进先出"的规则进行操作，故称运算受限制的线性表。

16.2.1 栈的概念

栈（Stack）是限制在表的一端进行插入和删除的线性表。允许插入、删除的这一端称为栈顶，另一个固定端称为栈底。当表中没有元素时称为空栈。

如图 16.10 所示，栈中有 n 个元素，进栈的顺序是 a_1、a_2、…、a_n，当需要出栈时其顺序为 a_n、…、a_2、a_1，所以栈又称为后进先出的线性表，简称 LIFO 表。在日常生活中，常常遇到的一摞书或者一摞盘子，若规定只能从顶部拿或者放，那么其也相当于一个栈。

图16.10 栈结构示意

16.2.2 栈的基本运算

如果需要使保存数据与输出数据顺序相反时，就需要用一个栈来实现。对于栈，常做的基本运算有：

（1）栈初始化：Init_Stack（s）

初始条件：栈 s 不存在。

操作结果：构造了一个空栈。

（2）判栈空：Empty_Stack（s）

初始条件：栈 s 已存在。

操作结果：若 s 为空栈，返回为 1；否则返回为 0。

（3）入栈：Push_Stack（s，x）

初始条件：栈 s 已存在。

操作结果：在栈 s 的顶部插入一个新元素 x，x 成为新的栈顶元素。栈发生变化。

（4）出栈：Pop_Stack（s）

初始条件：栈 s 存在且非空。

操作结果：栈 s 的顶部元素从栈中删除，栈中少了一个元素。栈发生变化。

（5）读栈顶元素：Top_Stack（s）

初始条件：栈 s 存在且非空。

操作结果：栈顶元素作为结果返回，栈不变化。

16.2.3 链栈

栈的存储结构分为两种：顺序栈和链栈。为了结合前面的知识，在本节中，只对链栈进行介绍。通常将链栈表示成图 16.11 所示的形式。

用链式存储结构实现的栈称为链栈。通常链栈用单链表表示，因此其结点结构与单链表的结构相同，在此用 LinkStack 表示，即有：

```
typedef char DataType ;          /* 假设结点的数据域类型是字符 */
typedef  struct node
{
    DataTpye data;
    struct node *next;
}StackNode,* LinkStack;
LinkStack  top ;                 /* 说明 top 为栈顶指针 */
```

图 16.11　链栈示意

因为栈中的主要运算是在栈顶插入、删除，所以很显然在链表的头部做栈顶是最方便的，而且没有必要像单链表那样为了运算方便附加一个头结点。

【实例 16.6】 链栈基本操作的实现如示例代码 16.6 所示。

示例代码16.6

【代码解析】 代码第 16～19 行，是初始化栈函数。代码第 21～24 行，是判栈空函数。代码第 26～33 行，是入栈函数。代码第 36～48 行，是出栈函数。

【运行效果】 编译并执行程序后，输入 "abcdefghijl" 后，其最后输出的结果如图 16.12 所示。所有的字符输出顺序与输入刚好相反。

图 16.12　链栈基本操作示例结果

16.3　队列

与栈一样，队列也是常用的数据结构，其逻辑结构和普通线性表一样。其特点是按 "先进先出" 的规则进行操作，也是运算受限制的线性表。

16.3.1　队列的概念

队列（Queue）是只允许在一端进行插入，而在另一端进行删除的运算受限的线性表。允许删除的一端称为队头（Front），允许插入的一端称为队尾（Rear）。当队列中没有元素时称为空队列。队列亦称作先进先出（First In First Out）的线性表，简称为 FIFO 表。

队列的修改是依先进先出的原则进行的。新来的成员总是加入队尾（即不允许"加塞"），每次离开的成员总是队列头上的成员（不允许中途离队），即当前"最老的"成员离队。

在队列中依次加入元素 a_1、a_2、$\cdots$、a_n 之后，a_1 是队头元素，a_n 是队尾元素。退出队列的次序只能是 a_1、a_2、$\cdots$、a_n。队列结构如图 16.13 所示。

图 16.13　队列的结构

16.3.2　队列的基本运算

队列中的常用操作有如下几个：

（1）InitQueue（Q）

置空队。构造一个空队列 Q。

（2）QueueEmpty（Q）

判队空。若队列 Q 为空，则返回真值，否则返回假值。

（3）InQueue（Q，x）

若队列 Q 非满，则将元素 x 插入 Q 的队尾。此操作简称入队。

（4）OutQueue（Q）

若队列 Q 非空，则删去 Q 的队头元素，并返回该元素。此操作简称出队。

（5）QueueFull（Q）

判队满。若队列 Q 为满，则返回真值，否则返回假值。

注意：该操作只适用于队列的顺序存储结构。

16.3.3　链队列

队列的链式存储结构简称为链队列。其是仅在表头删除和表尾插入的单链表。不过，由于单链表的头指针不便于在表尾做插入操作，为此需要再增加一个尾指针，指向链表上的最后一个结点。

所以一个链队列由一个头指针和一个尾指针唯一确定。并且将这两个指针封装在一起，定义为一个 LinkQueue 结构体类型。如图 16.14 所示。

图 16.14　队列示意图

队列结构体的定义如下所示：

```
typedef char DataType;      /* 假设结点的数据域类型是字符 */
typedef struct node
```

```
{
    DataType data;
    struct node *next;
}QueueNode;

typedef struct{
    QueueNode * front;
    QueueNode * rear;
}LinkQueue;
```

【**实例 16.7**】 链队列的基本操作如示例代码 16.7 所示。

【**代码解析**】 代码第 17～20 行，是初始化队列函数。代码第 22～25 行，是判队空函数。代码第 27～41 行，是入队函数。代码第 43～60 行，是出队函数。其中代码第 54 行，当原队中只有一个结点，删去后队列变空，此时队头指针已为空，所以要设置一下。

示例代码16.7

【**运行效果**】 编译并执行程序后，输入"abcdefghi"，最后输出的结果如图 16.15 所示。

图16.15 链队列的基本操作结果

16.4 快速排序函数

在当今社会里，人们经常要在浩如烟海的信息中查找某条信息。要使这种查找操作有效，就必须按某种合理的次序存储信息。例如，若图书馆的书籍及文献资料不是分门别类地存储，我们又如何能够快速地找到需要的书籍和文献呢？这就需要用到排序。通过排序，能够使原来没有次序的数据，按某种顺序进行排列。例如，从大到小，或者从高到低等等。

快速排序（Quicksort）是对冒泡排序的一种算法改进。其基本思想是：通过一趟排序将要排序的数据分割成独立的两部分，其中一部分的所有数据都比另外一部分的所有数据要小，然后再按此方法对这两部分数据分别进行快速排序，整个排序过程可以递归进行，以此达到整个数据变成有序序列。

假设需要排序的数组是 A[0]、…、A[N-1]，首先通常选用第一个元素数据作为关键数据，然后将所有比其小的数都放到其前面，所有比其大的数都放到后面，这个过程称为一趟快速排序。一趟快速排序的算法如下：

① 设置两个变量 i、n，排序开始的时候：i=0，n=N-1。

② 将 A[0] 的值赋值给 key。

③ 从 n 开始向前搜索，即由后开始向前搜索，找到第一个小于 key 的值 A[n]，并与 A[n] 进行交换。

④ 从 *i* 开始向后搜索，即由前开始向后搜索，找到第一个大于 key 的 A[i]，与 A[n] 交换。

⑤ 重复第 3～5 步，直到 i=n。

例如：待排序的数组 A 的值分别是：

`33,23,99,27,13,66,48`

初始关键数据：key 的值为 33（注意 key 值不变，因为都是和 key 值进行比较，无论在什么位子，最后的目的就是把 key 值放在中间，小的放前面，大的放后面）。

按照算法的第三步从后向前开始找，小于 key 的值进行交换。此时，n=5，进行第一次交换后数据如下所示：

13,23,99,27,33,66,48

按照算法的第四步从前向后开始找，大于 key 的值进行交换，此时，i=3，进行第二次交换后：

13,23,33,27,99,66,48

按照算法的第五步将又一次执行算法的第三步，即从后开始找，此时，n=4，进行第三次交换后：

13,23,27,33,99,66,48

此时再执行第三步的时候就发现 i=n，从而结束一趟快速排序，那么经过一趟快速排序之后的结果是：

13,23,27,33,99,66,48

所以大于 33 的数全部在 33 的后面，小于 33 的数全部在 33 的前面。

快速排序就是递归调用此过程，以 key 值为中点分割这个数据序列，分别对前面一部分和后面一部分再进行快速排序，从而完成全部数据序列的快速排序，最后把此数据序列变成一个有序的序列，这就是快速排序的思想。

【实例 16.8】 快速排序法的算法如示例代码 16.8 所示。

【代码解析】 代码第 3 ～ 21 行，是进行区间划分函数的实现。代码第 23 ～ 32 行，是排序函数的实现。其中，代码第 28 ～ 31 行，是递归调用排序函数的实现。

示例代码16.8

【运行效果】 编译并执行程序后，最后结果如图 16.16 所示。

```
50 88 22 89 18 87 13 66 99 77 21 38 68 78
13 18 21 22 38 50 66 68 77 78 87 88 89 99
```

图 16.16　快速排序结果

第**17**章
学生管理系统的开发

扫码拓展阅读